次世代を担う子どもたちの、新しい学び。

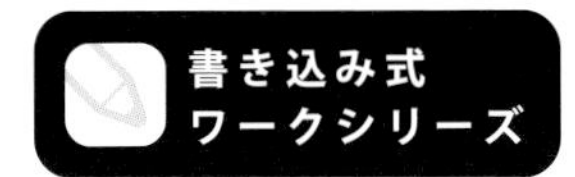

こども、STEAM

「こどもSTEAM」とは世界標準の思考力、視野、教養、創造性など、これからの子どもたちに身につけてほしい教育領域「STEAM」*に特化したアルクの小学生向け書き込み式ワークのシリーズです。
理数系の能力と表現力や創造性をバランスよくはぐくみます。

*Science（科学）、Technology（技術）、Engineering（工学・ものづくり）、Arts（芸術・リベラルアーツ）、Mathematics（数学）の頭文字をとった造語で、理数系の能力に加え、表現力や想像力といった非認知系能力も対象にした教育理念のこと。「スティーム」と発音する。

「論理的に考え抜き、試み、伝える力」＝「プログラミング的思考」が身につく！

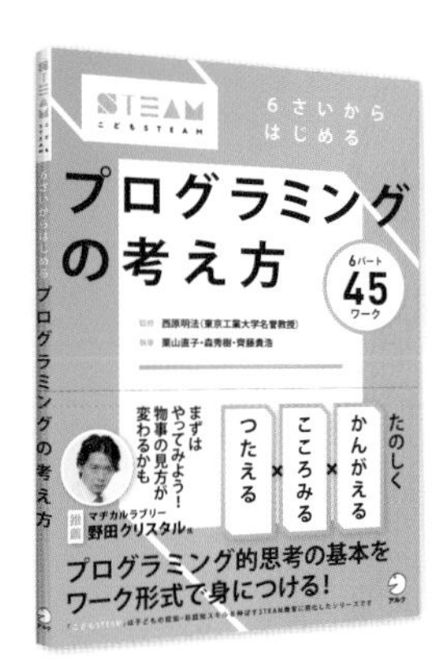

『6さいからはじめるプログラミングの考え方』

定価：1,320円
対象：6歳～
商品構成：B5判、104ページ
監修：西原明法（東京工業大学名誉教授）　著者：栗山直子、森秀樹、齊藤貴浩
ISBN：9784757436985

「論理的に考え抜き、試み、伝える力」をはぐくむワークブックです。「時間割」「給食」「謎解き」など、子どもたちにとって身近なテーマから発想した45のワークに挑戦します。ワークを通じて「他者と協力して何かを達成する」「意見交換を通じてより良いものを作り上げる」などを経験することで、プログラミングに取り組む前に身につけておきたい力を伸ばします。

すべての子どもに役立つ、統計的探究力！

『小学5・6年生向け 統計【基礎編】』
『小学5・6年生向け 統計【発展編】』

各定価：1,320円
対象：小学5年生～
商品構成：（各タイトル）B5判、104ページ（基礎編）、
112ページ（発展編）
監修：渡辺美智子（立正大学データサイエンス学部教授、
放送大学「身近な統計」主任講師）
ISBN：9784757439542（基礎編）、9784757439559（発展編）

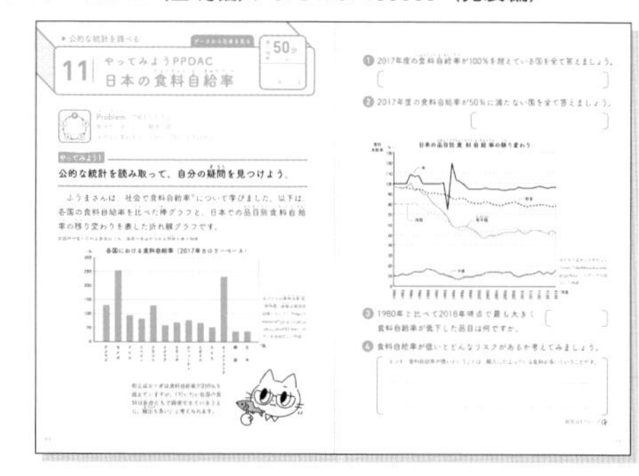

社会のあらゆる場面でビッグデータを分析し、課題解決に生かす時代。「データを調べ、読み取り、課題解決に役立てる力」は、継続的な統計教育によって育まれます。本書では、世界各国の教育で取り入れられている「PPDACサイクル（問題設定→計画→データ収集と整理→分析→結論）」を学べます。自由研究等にもお役立てください。

「英単語×ナゾとき」で楽しく学んで、考える力をつける

『小学3・4年生向け ナゾとき英単語』
『小学5・6年生向け ナゾとき英単語』

各定価：1,320円
対象：小学3年生～
商品構成：（各タイトル）B5判、112ページ
謎解き制作：RIDDLER
謎解き監修：松丸亮吾（謎解きクリエイター）
ISBN：9784757439603（小学3・4年生向け）、
9784757439610（小学5・6年生向け）

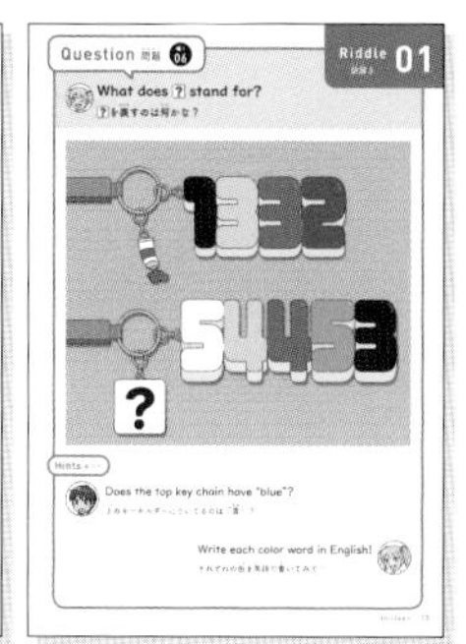

「ストーリーマンガ×ナゾとき」で英単語を楽しく学べるワークブックです。学んだ英単語がカギとなるナゾときに挑戦しながら、小学校で学ぶ基本的な英単語を身につけます。ナゾとき問題は、20のストーリーマンガに関連した20問、5問のスペシャル問題の計25問を掲載。クロスワードやリスニングクイズなどで、復習も楽しく行えます。

もう迷わない！　自分や誰かの気持ちとの付き合い方

『10才からの気持ちのレッスン』

定価：1,320円
対象：10歳～
商品構成：B5判、112ページ
著者：黒川駿哉（慶応義塾大学医学部精神・神経科学教室特任教授／不知火クリニック）
ISBN：9784757439740

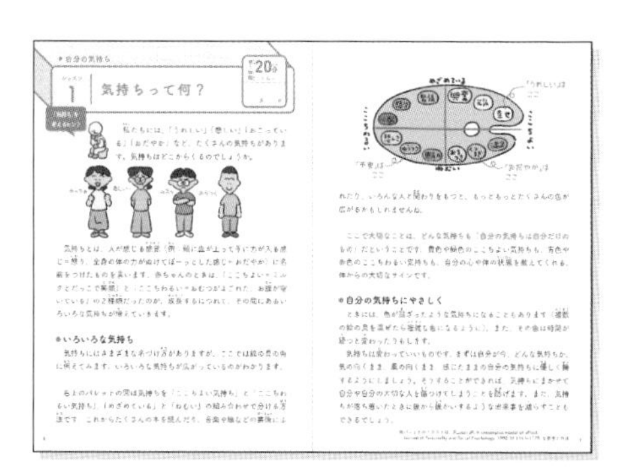

自分の気持ちやほかの人の気持ちとのつき合い方、大人にとっても難しい状況での対応の仕方、どんな人になりたいかを考えるワークブックです。「気持ち」をめぐるこれらの問いに正解はありません。自分なりの解答を振り返りながら、児童精神科医の著者と一緒に「気持ち」について考える力を育んでいくことができます。しなやかに気持ちとつき合えるようになる一冊です。

変わり続ける世界で、たくましく生きていく「お金の基礎力」をつける！

『小学3・4年生向け お金の考え方・使い方』

定価：1,320円
対象：小学3年生～
商品構成：B5判、104ページ
著者：キャサリンとナンシー（「キャサリンとナンシーの金融教育」ファイナンシャル・プランナー）
ISBN：9784757439757

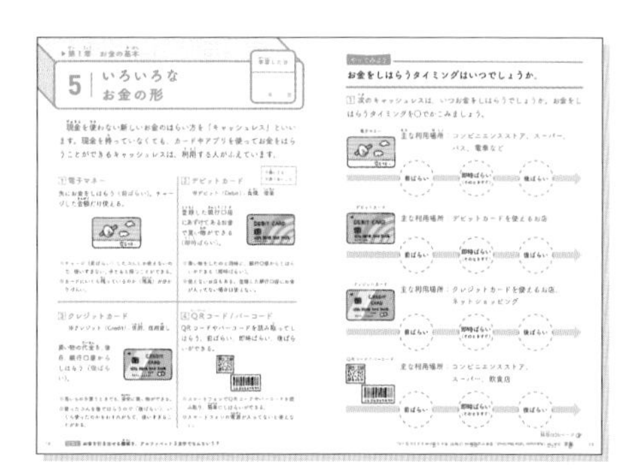

2022年春から高等学校の学習内容に「金融教育」が加わりました。次世代を担う子どもたちは、より早い時期からお金の知識を得て、お金との上手な付き合い方を身につけることが必要です。本書では、お金の役割や歴史、電子マネー、価格変動、税金、銀行、ライフデザインなど、多岐にわたるテーマについて学びながら、自ら考え、言語化し、自立して生きていく力を育みます。

新タイトルも続々刊行！
鋭意制作中です。どうぞお楽しみに！

2022年6月刊行予定

『小学5・6年生向け お金の考え方・使い方』

1,320円（税込・予価）
B5判、112ページ
ISBN：9784757439788

アルクの刊行情報はこちらから！
https://www.alc.co.jp/

2022年7月刊行予定

『身の回りから考える SDGs』

1,320円（税込・予価）
B5判、108ページ（予定）
ISBN：9784757439900

株式会社アルク
〒102-0073 東京都千代田区九段北4-2-6　市ヶ谷ビル
※本冊子は2022年4月時点の情報です。
新刊の刊行時期については変更になる場合もございます。予めご了承ください。

こどもSTEAM

小学5・6年生
向け

統計
[発展編]

監修　渡辺美智子
立正大学データサイエンス学部教授、放送大学「身近な統計」主任講師

執筆協力　古田裕亮

棒グラフ
折れ線グラフ
円グラフ
帯グラフ
を使って学ぶ

アルク

「こどもSTEAM」シリーズについて

Science（科学） Technology（技術） Engineering（工学・ものづくり） Arts（芸術・リベラルアーツ） Mathematics（数学）

「STEAM」は上記の単語の頭文字をとった造語で、理数系の能力に加え、表現力や想像力といった非認知系能力も対象にした教育理念を指し、いま世界中で注目されています。この「STEAM」を切り口とし、子どもたちが未来を生き抜くのに必要なテーマを選び、正解のない問いに向かってしっかりと考え抜くことができるようなワークに仕上げたのが「こどもSTEAM」シリーズです。

知りたいから考える➡とことん考えるから発見がある➡新たに気づくからワクワクする➡ワクワクするからもっと知りたくなる――。この学びのサイクルで、本シリーズを手に取った子どもたちの目が好奇心でキラキラと輝き、夢中でワークに取り組めることを、制作チーム一同、心から願っています。

株式会社アルク
「こどもSTEAM」シリーズ 制作チーム

はじめに

みなさんは、学校で課題学習や自由研究があるとき、どのように進めたらいいのか、題材の選び方や具体的なやり方が分からず、困ったことはありませんか？

今、学校では、総合的な学習（探究）の時間があり、自分で自由に課題を決めて、調べたことを深く掘り下げ、問題を解決したり何か提案したりする学習が大切にされています。探究学習では特に、『①テーマ（問題）の設定→②探究の計画→③情報（データ）の収集→④整理・分析→⑤まとめ・表現』という探究のプロセス（**PPDACサイクル**）を理解し、繰り返して、学びに役立てることを大切にしています。自由研究などの成果が説得力をもつためには、主張や判断がデータに基づいていること、データが上手に統計の表やグラフに整理されていること、そして、分析した結果がみんなに分かりやすく伝わることが重要です。

世界中の子どもたちが今、このPPDACサイクルと呼ばれる探究のプロセスを学習しています。このワークブックでは、分かりやすい、みなさんの身近な探究の事例を通して、PPDACサイクルの考え方やグラフの作り方が学習できるようにしています。ワークブックをやり終えたとき、きっとみなさんは探究学習が得意になっているでしょう。

監修：　渡辺美智子

もくじ

円グラフ・帯グラフ

公的な統計を調べる

おうちの方へ

データが身近にあふれるデジタル社会の到来により、データサイエンスやAIにつながる、統計的なデータ活用の学習が重要視されています。小学校、中学校、高等学校のみならず、入試、大学、社会人のリカレント教育の中で、「**データの活用**」は政府が力を入れて推進する教育改革の柱として位置付けられています。現実社会で課題を解決していくには、統計データを活用する能力は不可欠と言っても過言ではありません。

そして、この力は子どものときから少しずつ経験を積むことで身につきます。OECDが推奨し、世界各国が実践する教育体系では、まずPPDACサイクルと言われるプロセスメソッドで探究手順をしっかり教え、学年進行に応じて、データの統計分析のスキルを上げていく教育方法がとられています。このワークブックは、PPDACサイクル修得のための日本ではじめての子ども向け探究学習用教材となる一冊です。　渡辺美智子

本書の使い方

この本は、これからの子どもたちに身につけてほしい力の1つである「統計を役立てる力」をテーマにした、書き込み式ワークブックです。

ワークに取り組むことで、統計調査やデータを問題解決に活用するための基本動作（PPDACサイクル）について学ぶことができます。【発展編】では、棒グラフからヒストグラムまで、小学校中・高学年で学ぶグラフを使って解く問題を用意しました。子どもたちに身近なテーマを取り扱うことで、興味をもって学習に取り組めることを目指しています。

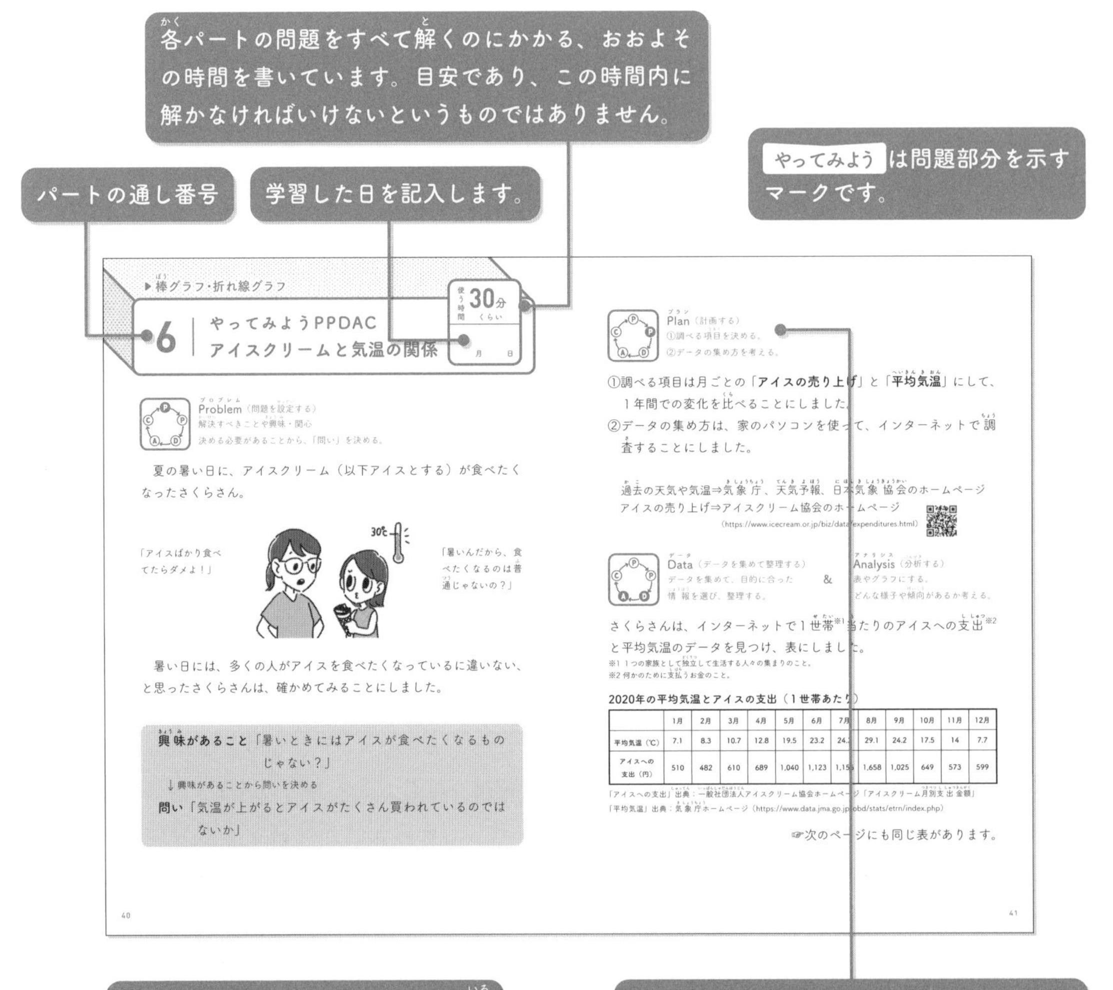

グラフを描く問題では、赤ペンや色鉛筆を使うなど、見やすいグラフを描く工夫をしてみてください。

PPDACマークです。そのワークがPPDACサイクルのどの段階にあたるのかを示しています。「統計に大切なPPDACサイクルについて」➡14、15ページ

各問題の後ろに解答があります。

▶は解答の解説が始まるマークです。

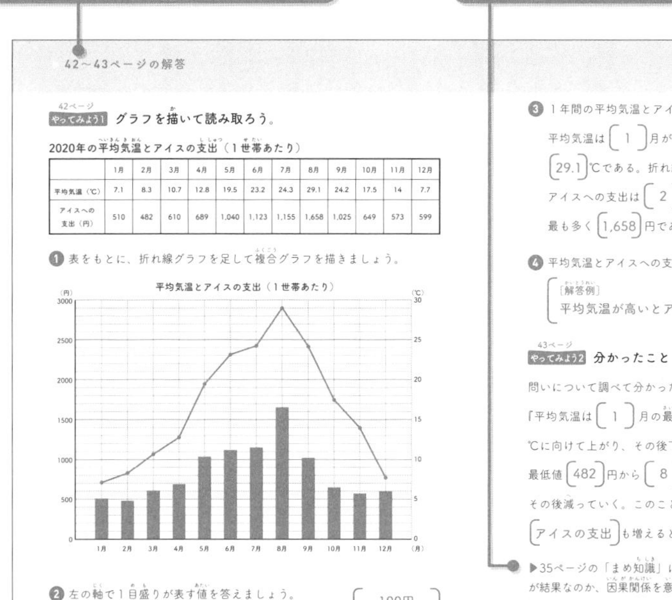

42～43ページの解答

42ページ
やってみよう1 グラフを描いて読み取ろう。

2020年の平均気温とアイスの支出（1世帯あたり）

	1月	2月	3月	4月	5月	6月	7月	8月	9月	10月	11月	12月
平均気温（℃）	7.1	8.3	10.7	12.8	19.5	23.2	24.3	29.1	24.2	17.5	14	7.7
アイスへの支出（円）	510	482	610	689	1,040	1,123	1,155	1,658	1,025	649	573	599

❶ 表をもとに、折れ線グラフを足して複合グラフを描きましょう。

平均気温とアイスの支出（1世帯あたり）

❷ 左の軸で1目盛りが表す値を答えましょう。 〔100円〕

右の軸で1目盛りが表す値を答えましょう。 〔1℃〕

❸ 1年間の平均気温とアイスへの支出の変化について答えましょう。

平均気温は〔1〕月が最も低く〔7.1〕℃で、〔8〕月が最も高く〔29.1〕℃である。折れ線グラフは〔山型・谷型〕の形をしている。

アイスへの支出は〔2〕月が最も少なく〔482〕円で、〔8〕月が最も多く〔1,658〕円である。棒グラフは〔山型・谷型〕の形をしている。

❹ 平均気温とアイスへの支出にはどんな関係があると考えられますか。

〔解答例〕
平均気温が高いとアイスへの支出が増える。

43ページ
やってみよう2 分かったことをまとめよう。

問いについて調べて分かったことをまとめます。

「平均気温は〔1〕月の最低値〔7.1〕℃から〔8〕月の最高値〔29.1〕℃に向けて上がり、その後下がっていく。アイスの支出も〔2〕月の最低値〔482〕円から〔8〕月の最高値〔1658〕円に向けて増え、その後減っていく。このことから、〔平均気温〕が上がると〔アイスの支出〕も増えるという関係が考えられる。」

▶35ページの「まめ知識」にあるように、2つの値のどちらが原因でどちらが結果なのか、因果関係を意識してグラフを読み取ることが大切です。

44　45

自分の考えを書く問題の答えは1つではありません。解答では、例を紹介しています。

「まめ知識」では統計に限らない役立つ知識を紹介しています。

統計学に詳しいネコ先生

おうちの方へ

本書のワークは基本的にお子さん1人で取り組めますが、答え合わせは一緒にしていただけると理解が深まります。また、問題の中には答えが1つではない「自分なりに考えてみる問題」も含まれています。そのような問題に関しては、お子さんと一緒に「問題に対して適切な解答ができているか」について話し合っていただけるとよいかもしれません。解答ページでは、解答例と解答を導き出すための考え方を提示しています。

読むのに 10分くらい

月　日

1 データの活用と統計

みなさんは次のような経験をしたことがありますか？

動画サイトで、自分が好みそうな動画をおすすめされる

検索サイトの検索窓に言葉を入れると、似たようなキーワードを提案される

Google
チーズ
チーズ　タッカルビ
チーズ　ケーキ
チーズ　フォンデュ
チーズ　ケーキ　レシピ

これらは、企業が**ビッグデータ**※を活用して、便利なサービスを作った例です。

※　膨大な量のデータ。現在では、インターネットやスマートフォン、お店のレジ、設置されたセンサーなどあらゆる情報源から、購入したものや人数など、さまざまなデータが集められています。

「**データを活用する**」とは具体的に何をするのでしょうか。動画サイトのおすすめ動画を例にすると、「ある動画を見た人が、他に何を見ているか」というデータをたくさん集めて、「ある動画を見た人にむけてどの動画をおすすめに出すと視聴されやすいか」を分析しています。

このようなデータの活用には、統計の知識が不可欠です。統計学は、データを調べ、整理して分析し、その結果から何かを読み取り、問題解決に役立てる、まさにデータを活用するための方法を教えてくれる学問だからです。

ビッグデータは、いろいろな場所で集められて保存され、膨大な量に増えています。社会では、今後ますます**データを扱える人＝統計が得意な人**が求められるでしょう。

では、その統計とはいったい何なのか？次のページから詳しく見ていきます。

「よく分からないけど、グラフのイメージ」

「数字を読むのがめんどくささそう」

まめ知識

データサイエンス

統計学など、さまざまな学問を総合的に用いて、データから世の中の役に立つ気づきを導き出す学問。Data Science を略して DS とも言います。データサイエンスに取り組む人をデータサイエンティストと言い、海外ではすでに人気の職業です。企業でも、データを分析して、立てた仮説を確認してアイデアを出したり、意思決定できたりする人が求められています。

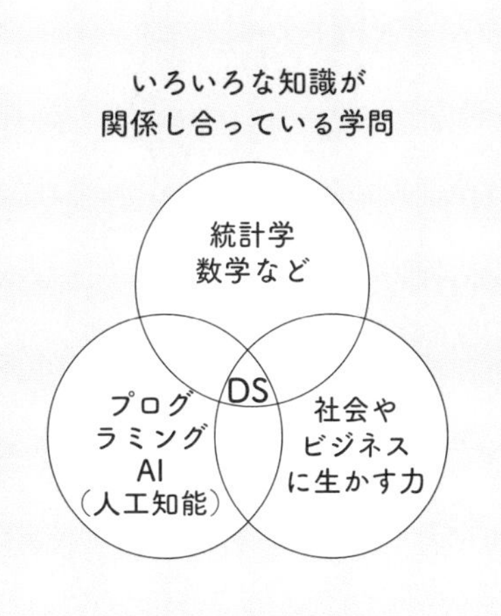

データを役立つものにする

読むのに 15分くらい

月　日

2 統計って何？どう役立つ？

データ活用の基本とも言える、統計とは何なのでしょうか。大人も答えるのが難しい問いですが、できるだけ簡単に説明します。

統計　＝　観察している集団から対象のデータを集めて、集めたデータから全体の様子を表したグラフや数字のこと。

例えば、１人のテストの点数では統計になりませんが、塾の５年生全体での点数（何かの集まり）について、グラフにしたり（全体の様子を表す）、平均点（全体の様子を表す数字）を出したりすると、統計になります。

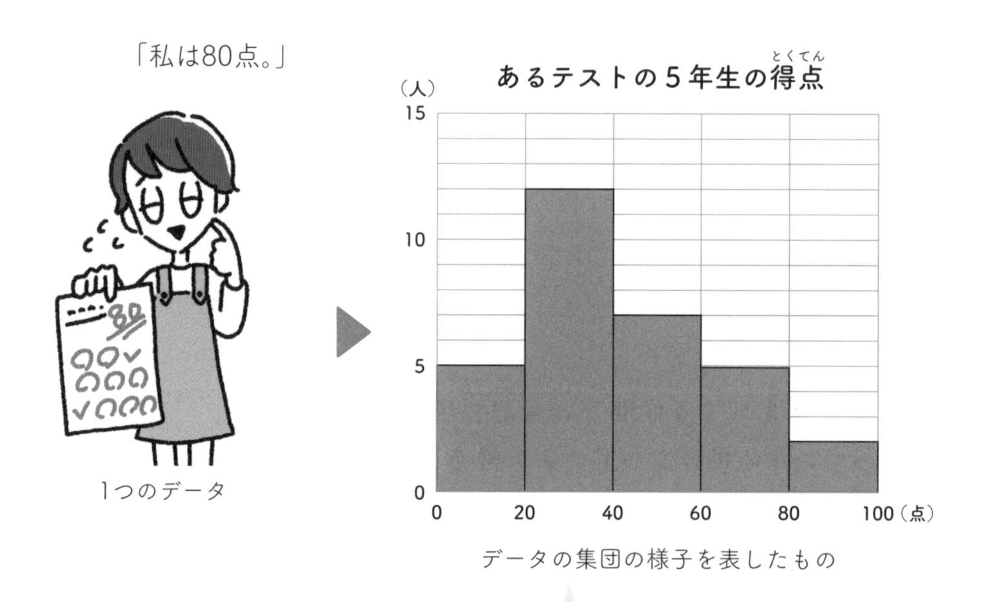

統計はどう役立つ？

統計を調べ、分析することで、具体的に何ができるのでしょうか。次のように統計を役立てることができます。

❶ 説得力が増す

統計を示すことによって、自分の話に説得力をもたせることができます。言いたいことを裏付ける、証拠のような役割もします。

「80点めずらしいね、ここ苦手？」

「平均点が42点、偏差値が68で高得点な方だよ。」

❷ 予測ができる

データの傾向から、未来の予測を立てることができます。

「今年は冷夏になりそうだから、米の収穫高が落ちるかもな。」

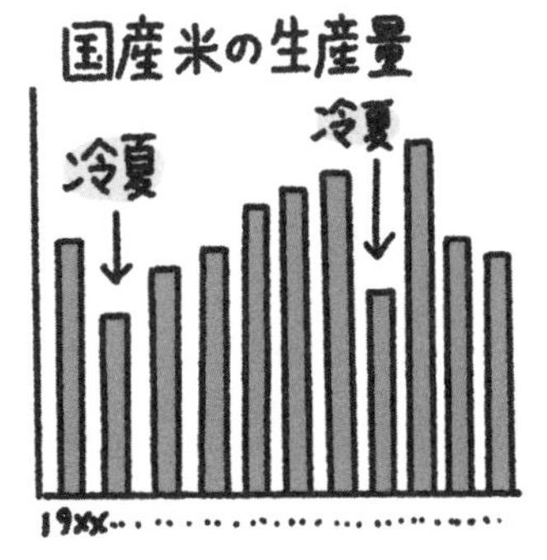

❸ 解決策のヒントになる

統計が次にとるべき行動のヒントになることもあります。

「当社のビールの主要購買層は50代の男性だ。健康を気にする50代に喜ばれる改良をしよう。」

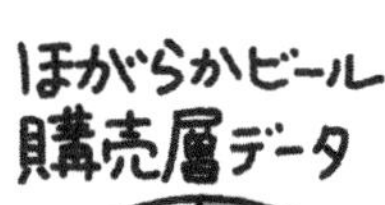

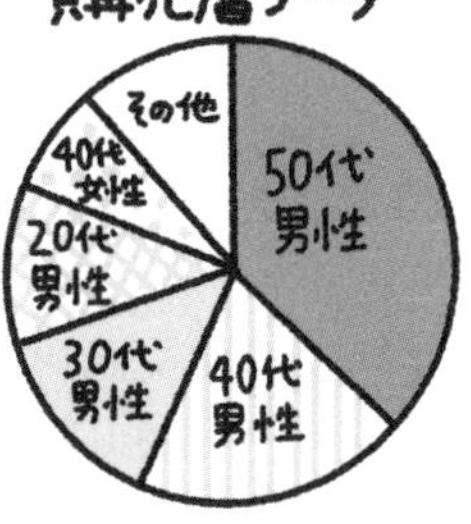

自分が何かを決めるときや、社会の仕組みや仕事にも、統計の考え方が役立ちます。

「将来何になろうかな。どの職業がどれくらい稼げそうか調べてみよう。」

洋服を買うサイトで身長・体重を入力すると、人工知能（AI）が合いそうなサイズを提案してくれる。
「（AI）あなたと体型が似ている人の70％がSを購入し、返品していません。」

「ねずみ党ハム田議員が当選確実です。」
「なんで全部開票していないのに、もう結果が分かるの!?」

「統計データを調べ、分析して、課題を解決したり改善したりする」総合的な探究力が、社会の中で大きな武器になるのです。

まめ知識

Society 5.0

Society 5.0とは、日本が目指すべき未来の姿として政府が掲げる社会です。

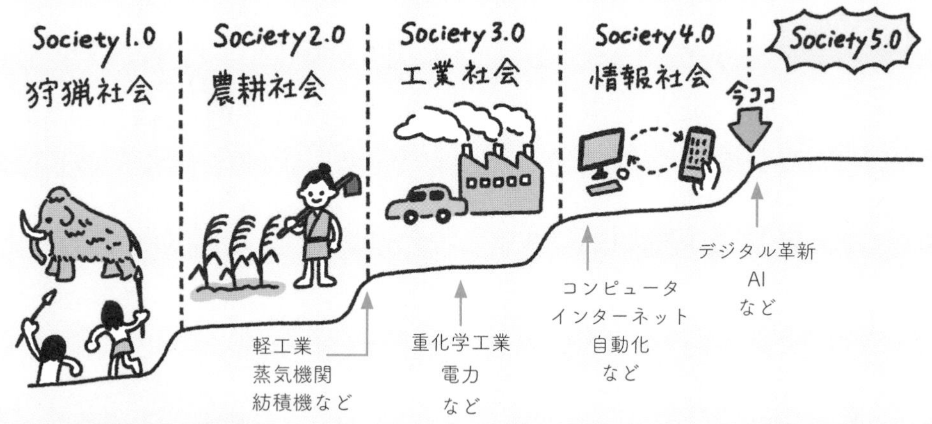

※図は日本経済団体連合会ホームページ「Society 5.0—ともに想像する未来」を参考に加工して作成

現在の日本はSociety 4.0にあたり、インターネットなどで世界中がネットワークでつながれる社会を指します。そこからSociety 5.0が実現すると、人工知能（AI）などの発達によって、今ある課題が解決されたり、より多くの人が活躍できたりする社会になると言われています。

＜こんなことが可能になるかも…＞

ネットでほしい情報を探すときに、自分で情報を取捨選択しなければならない

⬇

AIが最適な情報を提案

人が少ない場所や遠い場所に荷物がすぐ届かない

⬇

ドローンを使ってこれまでより短時間で配送

年齢や障がいによって労働や行動範囲に制約がでる

⬇

ロボットや自動走行車で可能性が広がる

Society 5.0の実現には、データサイエンスや統計を使って問題を解決する力が役立ちます。また、人と機械が複雑に関係する社会では、科学的な思考力や機械を使いこなすための知識も大切ですが、それと同時に、AIに目的や倫理観を与えるための「人間力」も不可欠です。次のページで説明する、PPDACサイクルのProblem「課題を見つける力」も人間力の1つです。

これぞ統計学習の肝！

使う時間 50分くらい

月　日

3 統計を使った学習に大事なPPDACサイクル

「統計データを調べ、分析して、課題を解決・改善する」には、PPDACサイクルという考え方が有効です。PPDACとは、「問題」「計画」「データ」「分析」「結論」の英語の頭文字をとったものです。この5つのステップを順番に回すと、統計を使った探究学習が上手にできます。

5

「問い」について調べて分かったことをまとめて、問題解決に役立てます。新しい疑問が出たら、次の「問い」にします。

コンクルージョン
Conclusion
結論を出す

ピーピーディー
PPD
サイ

4

調べたデータを表やグラフにまとめて、データにどんな様子や傾向があるか考えます。

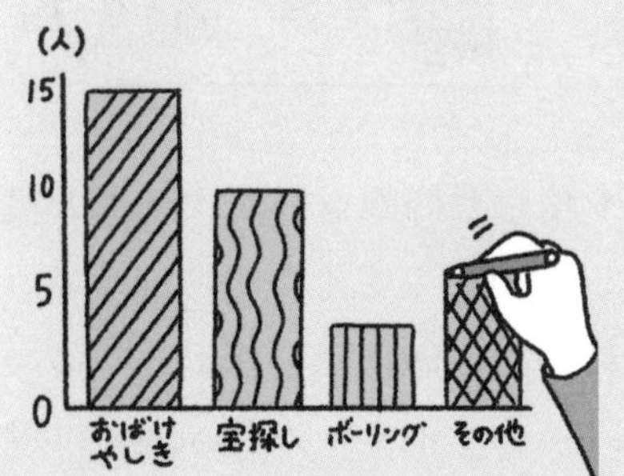

「おはけ屋敷が多いね。
おばけ役も楽しいし、
毎年お客さんに
人気だもんね。」

アナリシス
Analysis
データを分析する

1

ここからスタート！

解決すべきこと、興味や関心があること、決める必要があることから、「問い」を決めます。

問い
「みんなのやりたい出し物は何だろう」

プロブレム
Problem
問題を設定する

2

「問い」に対して、どんなデータをどのように集めるか計画を立てます。

①調べる項目を決めましょう。

②データの集め方を考えましょう。

「やりたい出し物とその理由を、アンケートで集めよう」

エーシー
AC
クル

プラン
Plan
計画を立てる

3

データを集め、目的に合ったデータを選んだり、見やすく表に整理したりします。

データ
Data
データを集めて整理する

やってみよう1

PPDAC サイクルをおさらいしよう。

❶～❺の〔　〕に、次の『　』の中から適した言葉を入れてください。

『計画を立てる・整理する・分析する・問題を設定する・結論を出す』

❶ Problem ＝〔　　　　　　〕

けいさんは家で食べている野菜がどこからきているのか気になりました。野菜の産地を調べてみることにします。

❷ Plan ＝

〔　　　　　　〕

データを集める前に、どう調査するか決めます。お母さんに協力してもらい、一緒にスーパーに行くことにしました。

➡17ページ

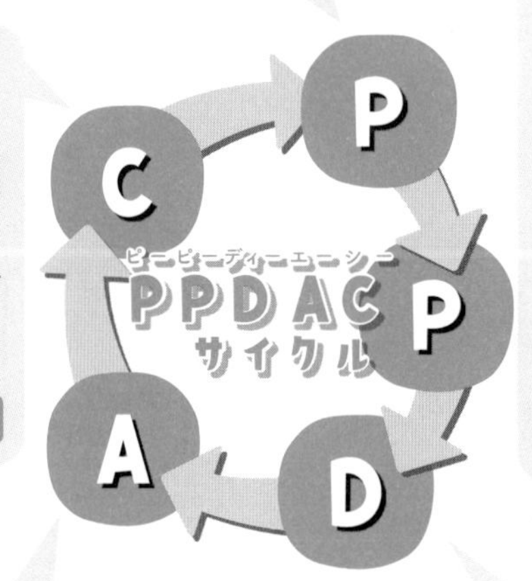

❸ Data ＝

データを集め、

〔　　　　　　〕

実際に調査をします。野菜がどこからきていたか、データを集計して整理します。

➡18ページ

❹ Analysis ＝〔　　　　　　〕

表やグラフを作成します。グラフから、様子や傾向を読み取ります。

「産地に傾向はあるかな」

➡18、19ページ やってみよう2

❺ Conclusion ＝

〔　　　　　　〕

分析して分かったことをまとめます。

➡20ページ やってみよう3

解答は21ページ

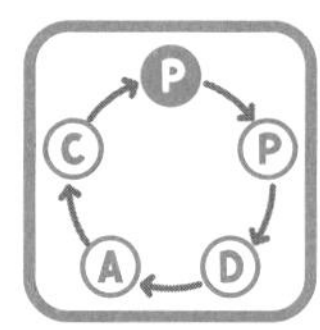

Problem（問題を設定する）

解決すべきことや、興味・関心、

決める必要があることから、「問い」を決める。

けいさんは、気になったことから以下の問いを設定しました。

気になったこと「家で食べている野菜はどこからくるのか」

↓気になったことから問いを決める

問い「家にいつもある野菜の産地はどこが多いのか」

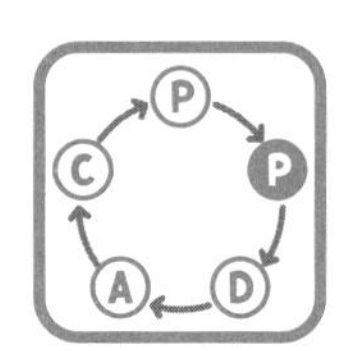

Plan（計画する）

①調べる項目を決める。

②データの集め方を考える。

①冷蔵庫にいつもある野菜を５種類選び、それらの「**産地**」を調べます。

②下の調査シートを作成しました。これならスーパーでは正の字を書くだけですみます。

調査シート　○月●日　□▲スーパー

都道府県	トマト	ナス	キャベツ	ジャガイモ	タマネギ
北海道					
青森県					
岩手県					
宮城県					
秋田県					
山形県					
福島県					
茨城県					
栃木県					
群馬県					
埼玉県					
千葉県					
東京都					
神奈川県					
新潟県					
富山県					
石川県					
福井県					
山梨県					
長野県					
岐阜県					
静岡県					
愛知県					
三重県					

都道府県	トマト	ナス	キャベツ	ジャガイモ	タマネギ
滋賀県					
京都府					
大阪府					
兵庫県					
奈良県					
和歌山県					
鳥取県					
島根県					
岡山県					
広島県					
山口県					
徳島県					
香川県					
愛媛県					
高知県					
福岡県					
佐賀県					
長崎県					
熊本県					
大分県					
宮崎県					
鹿児島県					
沖縄県					

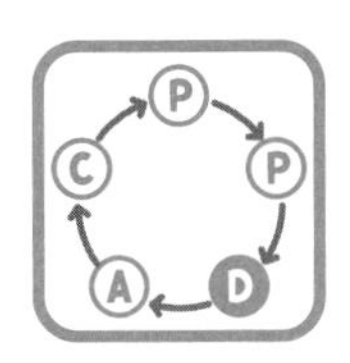

Data（データを集めて整理する）

データを集めて、目的に合った情報を選び、整理する。

下の表は、お母さんが使う近所のスーパー８店で調査したデータをまとめて、合計の数を書いたものです。

野菜の産地（スーパー８店調べ）

都道府県＼野菜	トマト	ナス	キャベツ	ジャガイモ	タマネギ
北海道	7			7	8
青森県	4		1	3	
岩手県	1		1		
秋田県	2				
福島県	1				
茨城県		3		2	
栃木県		5			
群馬県	3	8	6		
埼玉県		3		1	

都道府県＼野菜	トマト	ナス	キャベツ	ジャガイモ	タマネギ
千葉県	2		1	3	1
神奈川県		2	1		
山梨県	2				
長野県	2				
兵庫県					2
高知県	1	3			
福岡県	1				
佐賀県	1				2
熊本県	1				

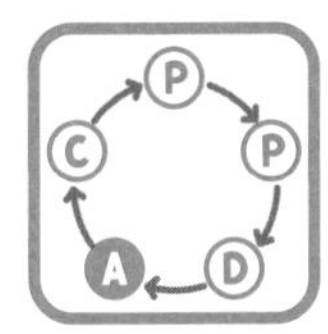

Analysis（分析する）

データを表やグラフにする。

どんな様子や傾向があるか考える。

やってみよう2

マップグラフを描こう。

表をもとに、右ページのマップグラフを完成させましょう。色鉛筆で野菜ごとに色を塗って、棒グラフを描きます。

トマト：赤
ナス：紫
キャベツ：緑
ジャガイモ：茶
タマネギ：黄

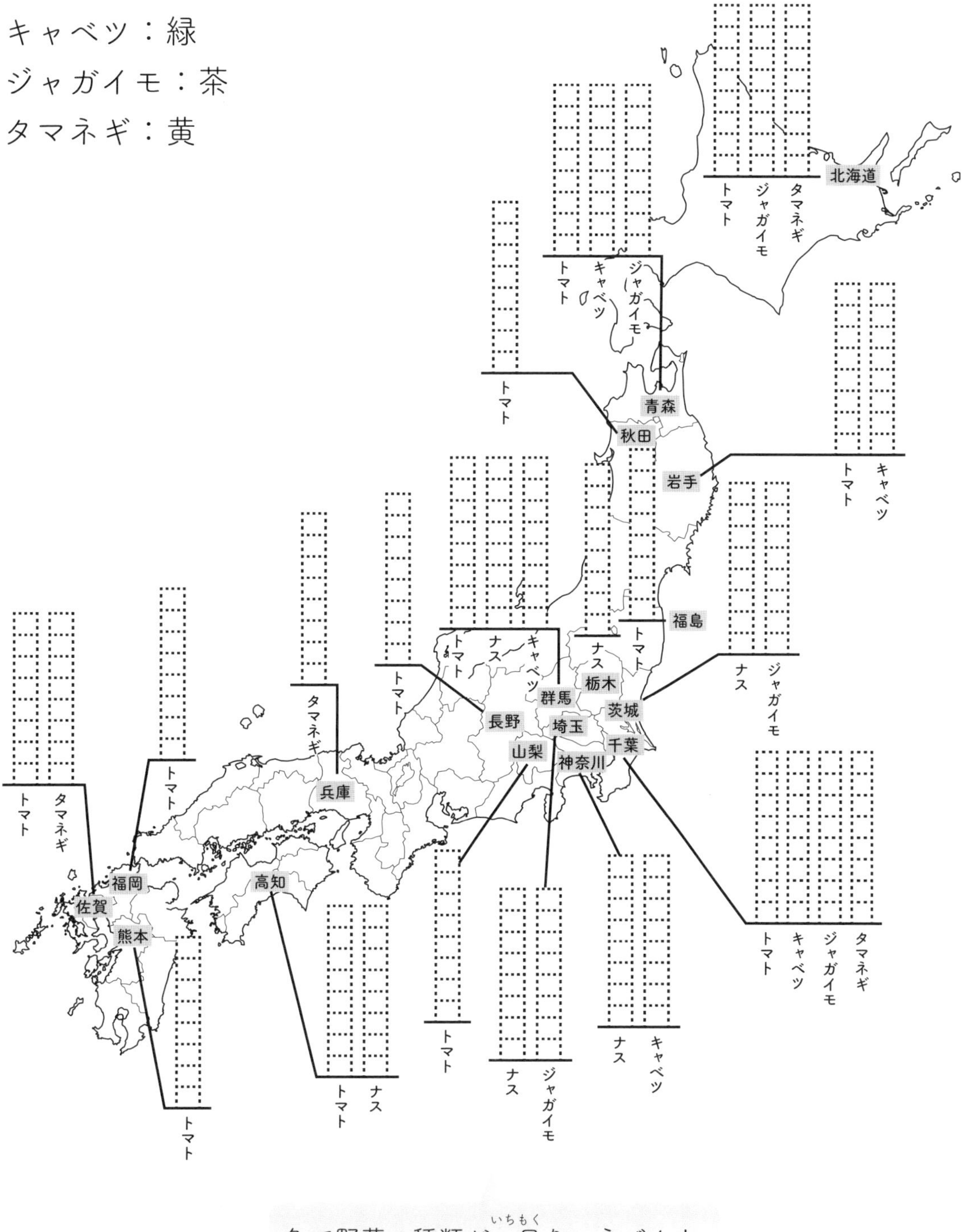

色で野菜の種類が一目りょうぜん！
棒の高さにも着目しよう。

解答は21ページ

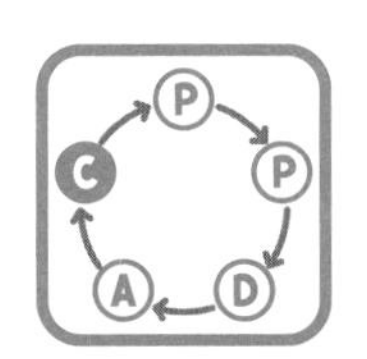

Conclusion（結論を出す）

表やグラフを使って
調べた結果をまとめて伝える。

やってみよう3

分かったことをまとめよう。

問い「家にいつもある野菜の産地はどこが多いのか」について調べて分かったことをまとめます。以下の空欄を埋めましょう。
『近所のスーパー８店を調べた結果、野菜５種類の産地は全国にちらばっていることが分かった。トマトの産地である都道府県の数は〔　　〕で、トマトは日本全国からきていた。ジャガイモとタマネギで最も多かったのは北海道産で、北海道産のジャガイモは7店、タマネギは〔　　〕店で取り扱っていた。ナスで最も多かったのは〔　　　　〕産で、〔　　〕店で取り扱っていた。キャベツで最も多かったのは〔　　　　〕産で、〔　　〕店で取り扱っていた。このように、野菜は種類によって産地の傾向が異なっていた。』

解答は22ページ

Plan（計画する）で調査の計画を立てるときは、何を、誰が、いつ、どこで、どうやって調べるのか事前に決めておくとよいでしょう。例えば今回の場合、下のような点を事前に考えておくと調査がスムーズに進められますね。

- スーパーに許可を得るときは、保護者の方に手伝ってもらう。
- 調査の時間帯は、お客さんの少ない時間や、品切れをしていない時間を選ぶ。
- 手際よく調査が行えるよう、調査シートを作成してスーパーではチェックを入れるだけの状態にしておく。

やってみよう1 PPDACサイクルをおさらいしよう。

❶ 問題を設定する ❷ 計画を立てる ❸ 整理する

❹ 分析する ❺ 結論を出す

18ページ

やってみよう2 マップグラフを描こう。

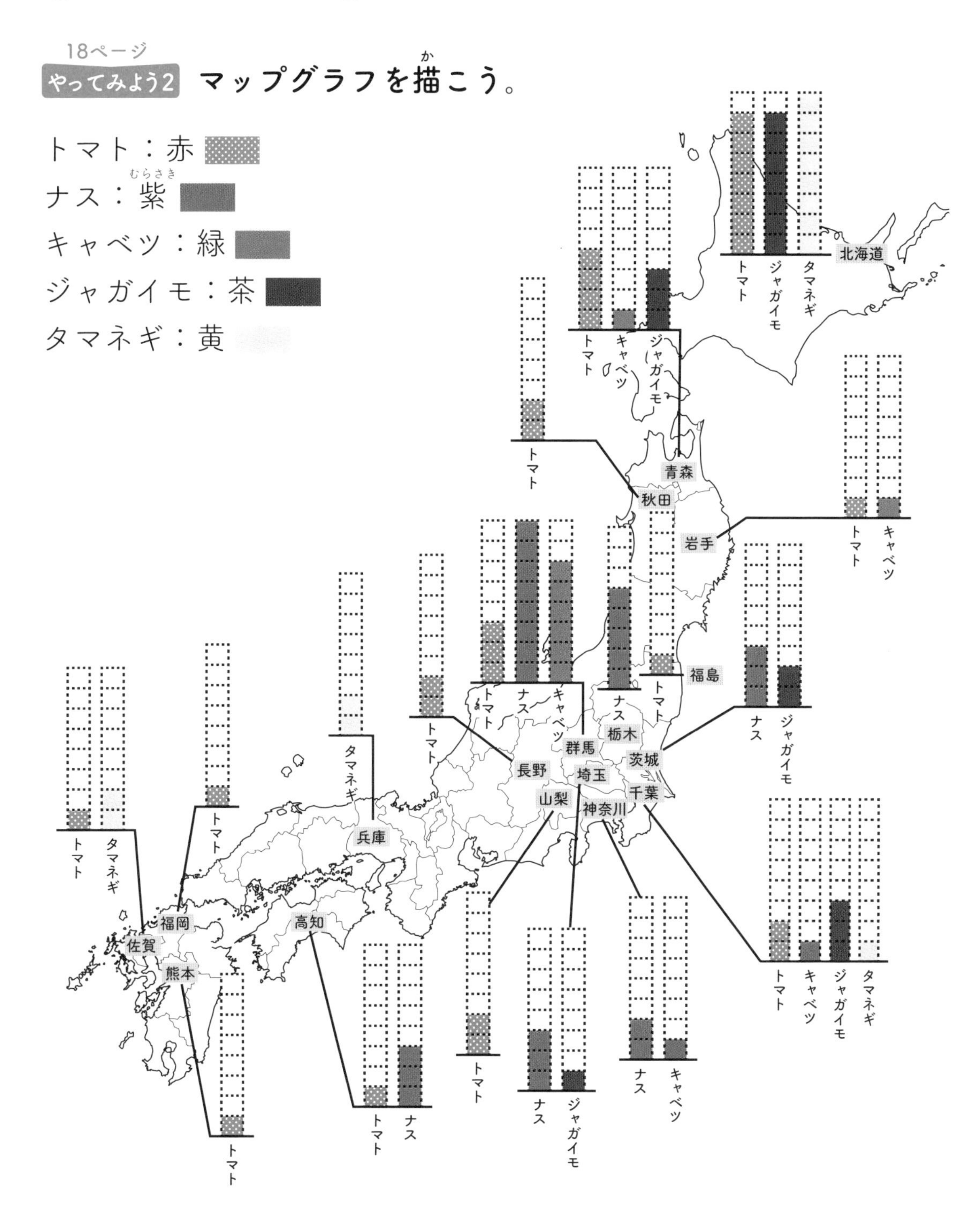

▶日本地図にグラフを描き込むマップグラフを作ると、どこから野菜がきているのか目で見て分かりやすくなります。

20ページ

やってみよう3 分かったことをまとめよう。

問い「家にいつもある野菜の産地はどこが多いのか」について調べて分かったことをまとめます。以下の空欄を埋めましょう。

『近所のスーパー8店を調べた結果、野菜5種類の産地は全国にちらばっていることが分かった。トマトの産地である都道府県の数は〔13〕で、トマトは日本全国からきていた。ジャガイモとタマネギで最も多かったのは北海道産で、北海道産のジャガイモは7店、タマネギは〔8〕店で取り扱っていた。ナスで最も多かったのは〔群馬県〕産で、〔8〕店で取り扱っていた。キャベツで最も多かったのは〔群馬県〕産で、〔6〕店で取り扱っていた。このように、野菜は種類によって産地の傾向が異なっていた。』

▶結論では、はじめにProblemで設定した問いに対して、データを用いながら分かったことをまとめます。野菜全体を見ると、産地が全国にちらばっているという様子が分かります。しかし、野菜の種類ごとに見ると、トマトは北海道が多いものの、全国の都道府県から広くきていることが分かります。ナスは群馬県を中心に、関東地方が多いです。キャベツは群馬県が多く、ジャガイモとタマネギは北海道が多いですね。野菜の種類によって産地の傾向が違うという特徴が見えます。

データをグラフで分かりやすく

4 データと統計グラフ

読むのに 15分くらい

月　日

「どの職業がどれくらい稼げそうか」「ちょうどいいと思われるサイズ」「選挙の開票速報の結果」（12ページ）は、誰かが調べた1つ1つのデータから成り立っています。統計におけるデータとは何でしょう。

データ ＝ 調査や実験、観察などで分かった事実やはかった値。

例えば3つの統計は、以下のようなデータで成り立ちます。

統計 職業別の平均年収

データ

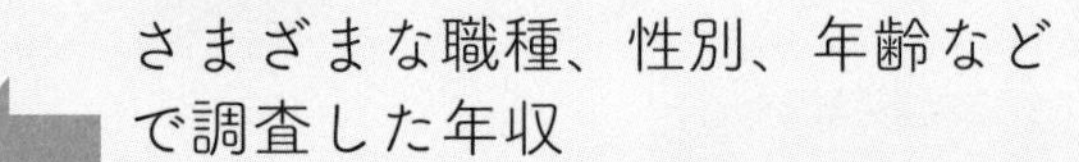

さまざまな職種、性別、年齢などで調査した年収

統計 お客さんの体型に合いそうな洋服のサイズ

データ

洋服を売る通信販売のサイトで、
- お客さんが入力した身長や体重
- どのサイズを買ったか
- その後返品したか

統計 選挙の開票速報の結果

データ

- 出口調査などの調査で聞いた、誰に投票したか（するか）
- 候補者を支援する組織の集票力

など

統計グラフ

統計を表すグラフを**統計グラフ**と言います。データをグラフに表すことで、全体の様子が一目で分かりやすくなります。小学校の算数で学習する統計グラフには、次のようなものがあります。

棒グラフ

数や量の大きさを棒の長さで表す。
複数のデータの間で数や量を比べたいときに使う。

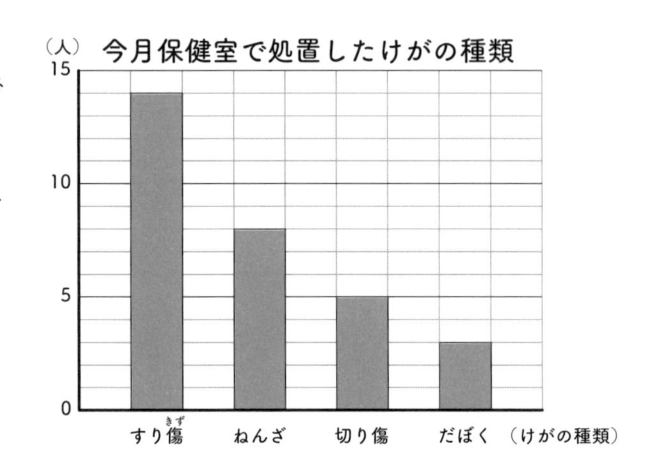

折れ線グラフ

数や量の変化を線で表す。
数や量の時間ごとの変化を見たいときに使う。

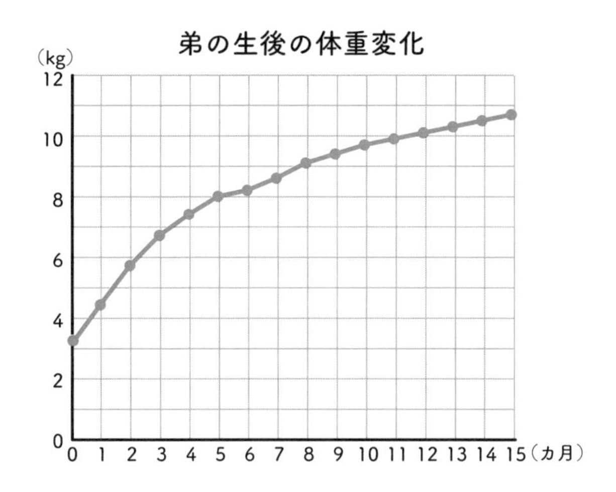

ドットプロット

データの値を横軸にして、データの個数をドット（点）で積み上げる。
データの集まり方やちらばり方が見たいときに使う。

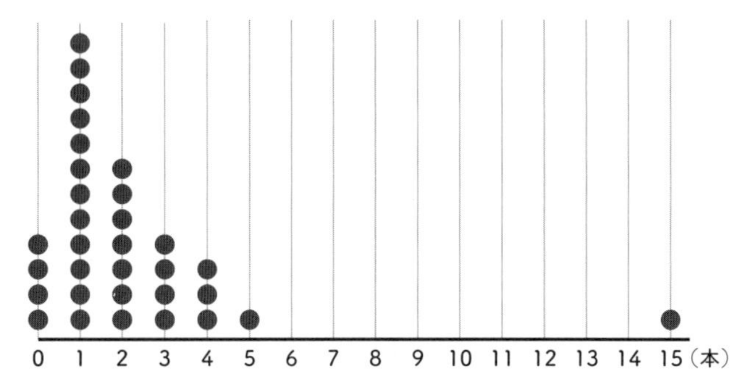

ヒストグラム

データを幅のある階級で区切って横軸にし、柱で度数を表す（47ページ参照）。
集団全体のデータの集まり方やちらばり方を見たいときに使う。

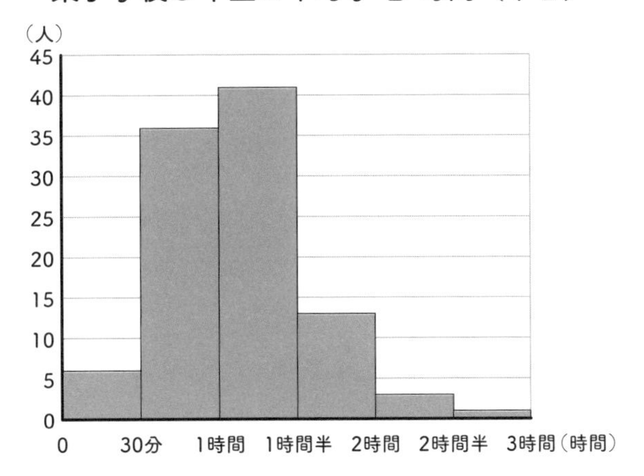

円グラフ

円全体を100％として、項目の割合を中心角の大きさで表す。
全体の中で、項目ごとの割合の大きさを見たいときに使う。

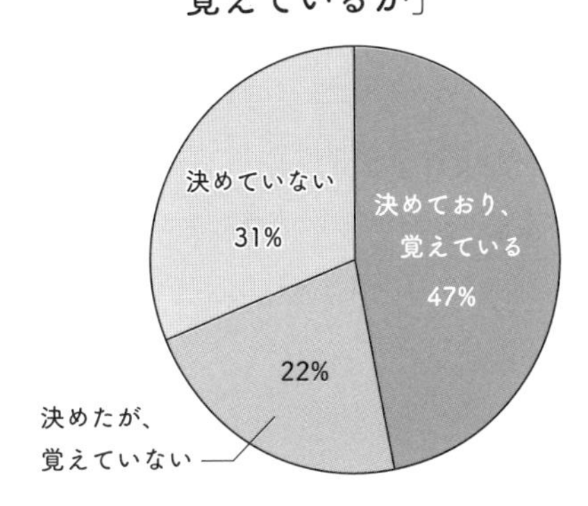

帯グラフ

帯全体を100％として、項目の割合で帯の中を区切る。
複数の集団でデータの割合の違いを比べたいときに、帯を並べて使う。

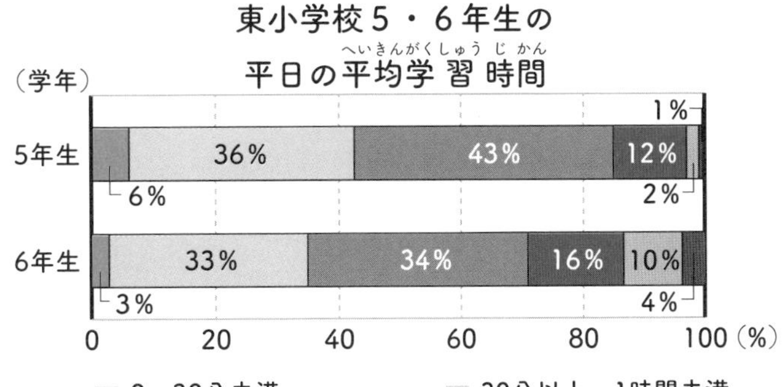

グラフからは、さまざまな様子や傾向を読み取ることができます。次の5つを見るのが、グラフを読み取るコツです。

1 全体の様子

「30分～1時間半勉強する人で大半を占める。」

「2時間以上勉強する人は100人中4人で、全体の4%しかいない。」

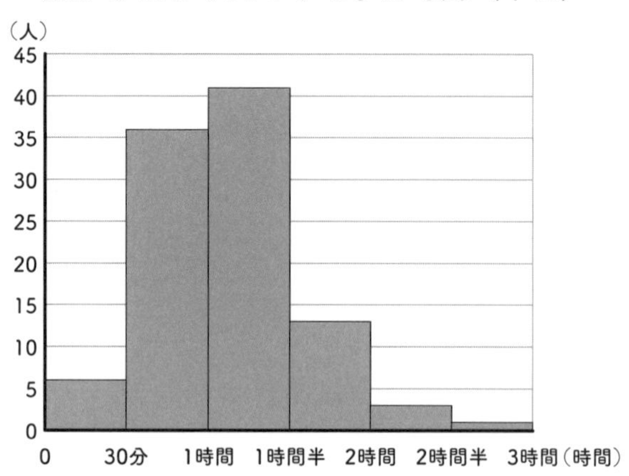

2 比較

「すり傷が一番多いね。」

「すり傷を負った人の数は切り傷を負った人の数の2.8倍だ。」

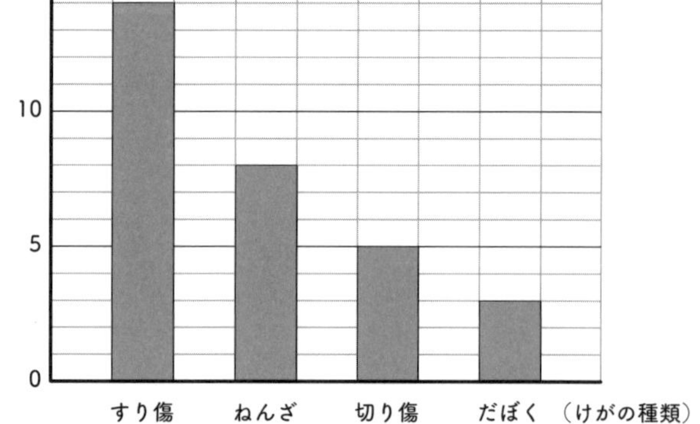

3 関係

「読書量が多い人は国語の点数も高いように見える。読書量と国語の点数はなんとなく関係がありそうだよ。」

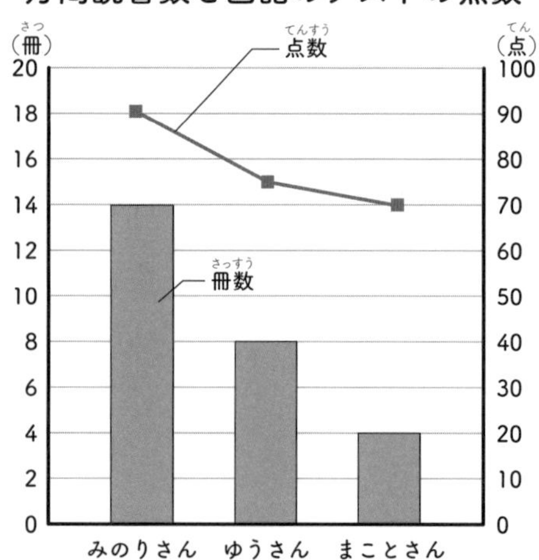

④ 変化

「最初の半年くらいは体重増加が急激だ。」
「半年以降はなだらかに増えていく傾向だね。」

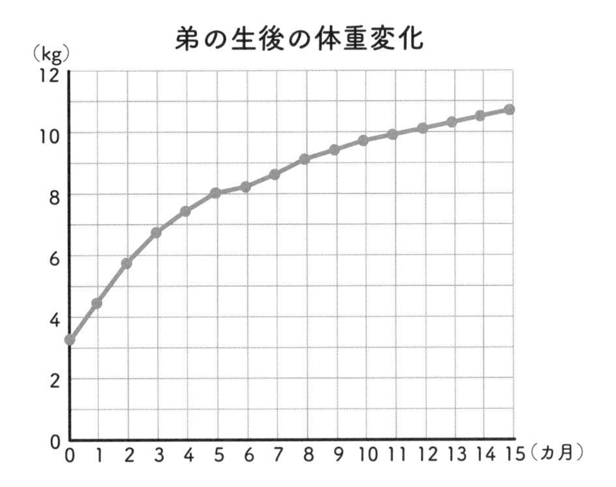

⑤ 分け方

「実際に地震が起きたときに、集合場所に集まることができる人と集まることができない人に分けると、半分以上の55％の人が集まれないってことだ。」

クラスメートに聞いた
「地震発生時の集合場所を家族で決めて、覚えているか」

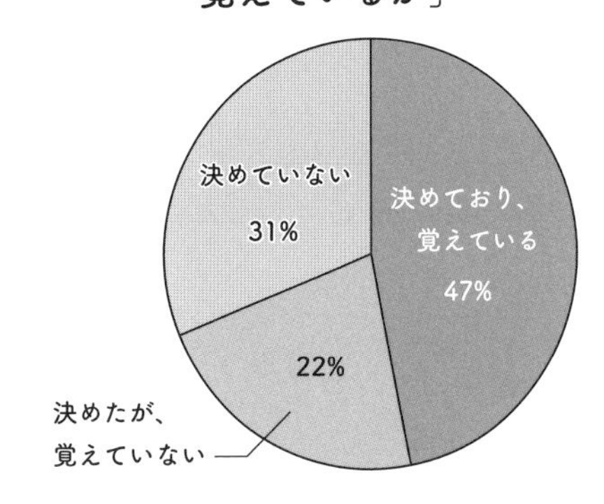

これらの視点で、本書の統計グラフも読み取ってみてくださいね。

数や量を見たいとき

使う時間 45分くらい

月　日

5 棒グラフと折れ線グラフを学ぼう

統計グラフの基本とも言える棒グラフと折れ線グラフを描(か)いて、読み取る練習をしましょう。

棒グラフを描くコツ

クラスメートの家庭内の子どもの数（何人きょうだい・しまい・一人っ子？）

家庭内の子どもの数	1人	2人	3人	4人	5人以上
人数（人）	11	17	3	1	0

最大目盛(めも)りは、一番大きい棒の値(あたい)より少し大きな区切りのいい値にする

最大目盛りを決めてから、目盛りの単位を決める（1や5、10など区切りのいい数で）

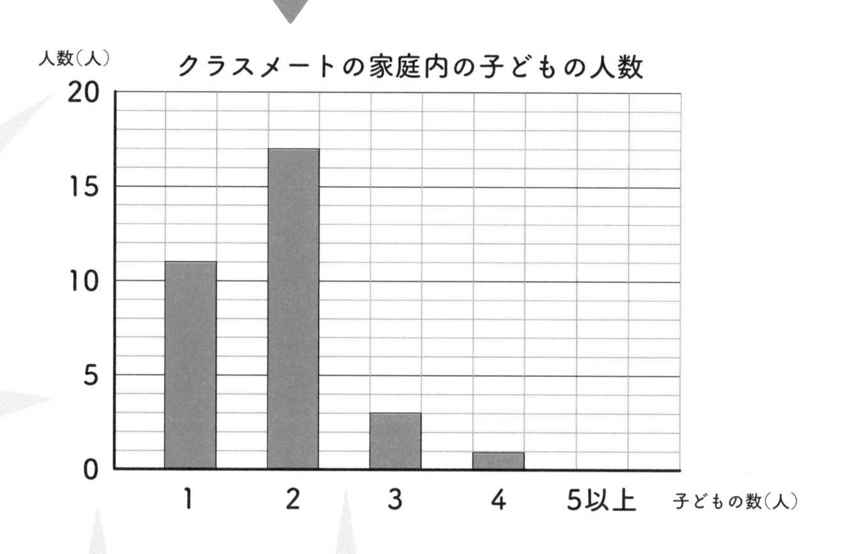

目盛りは0から

棒と棒の間は間隔(かんかく)を空ける

折れ線グラフを描くコツ

縦のデータは数量

縦軸の最大目盛りは値の最大値より少し大きくする

点と点を直線でつなぐ

時間（時）	気温（℃）
午前 8	11.5
9	12.3
10	16.2
11	20.1
午後 12	22.3
1	22.5
2	23.1
3	22.6
4	19.4
5	17.2
6	14.3
7	13.2
8	12.5

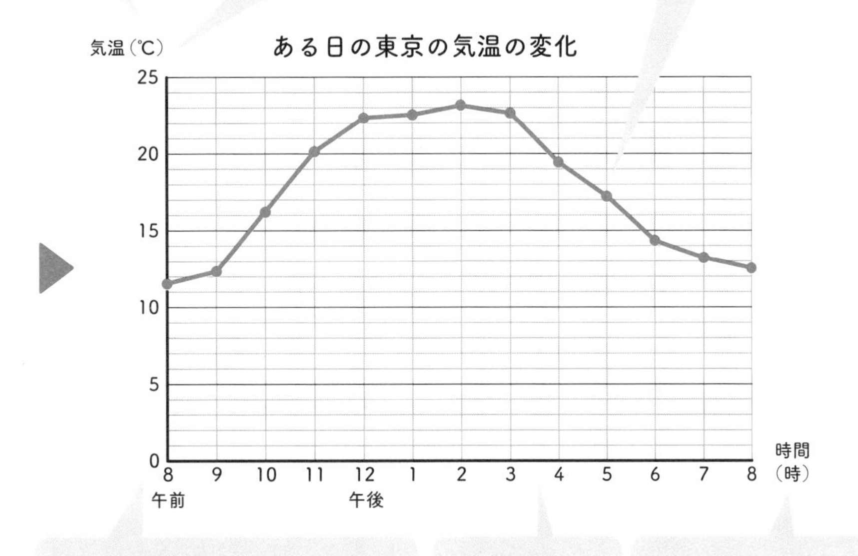

最大目盛りを決めてから、目盛りの単位を決める（1や5、10など区切りのいい数字で）

1目盛りの幅を同じに

横のデータは時間的要素が多い

複合グラフを描くコツ

複合グラフとは、２つ以上のグラフを組み合わせたグラフです。

数値の差が大きいデータや、単位が異なるデータを同じグラフにするときは左右2つの縦軸を使う

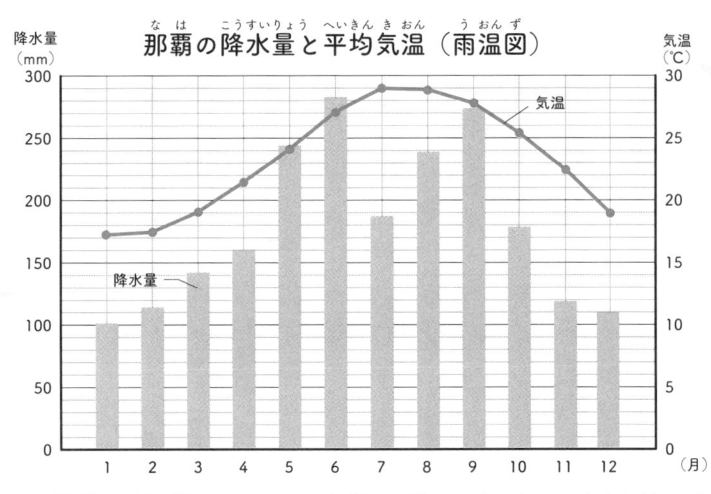

※グラフは気象庁ホームページ（https://www.data.jma.go.jp/obd/stats/etrn/index.php）統計期間1991～2020年のデータを加工して作成

単位を書く。このグラフは右の縦軸が温度、左の縦軸が降水量を表す

やってみよう1

グラフを描いて、読み取ろう。

系列店であるカフェA店、B店では、いろいろな種類のケーキを売っています。下の表は、ある1週間に売れたケーキの数を記録したものです。

A店とB店で1週間に売れたケーキの種類と個数

店＼種類	ショートケーキ	チーズケーキ	チョコケーキ	モンブラン	フルーツタルト	合計
A店（個）	60	22	52	18	48	200
B店（個）	8	44	7	6	40	105

※ケーキの値段はすべて同じとします。

1 表をもとに、棒グラフを完成させましょう。

・棒グラフは左から数の大きい順に並べる

・横軸の［　　　］にケーキの種類を書く

一番多く売れたのはどれかな？

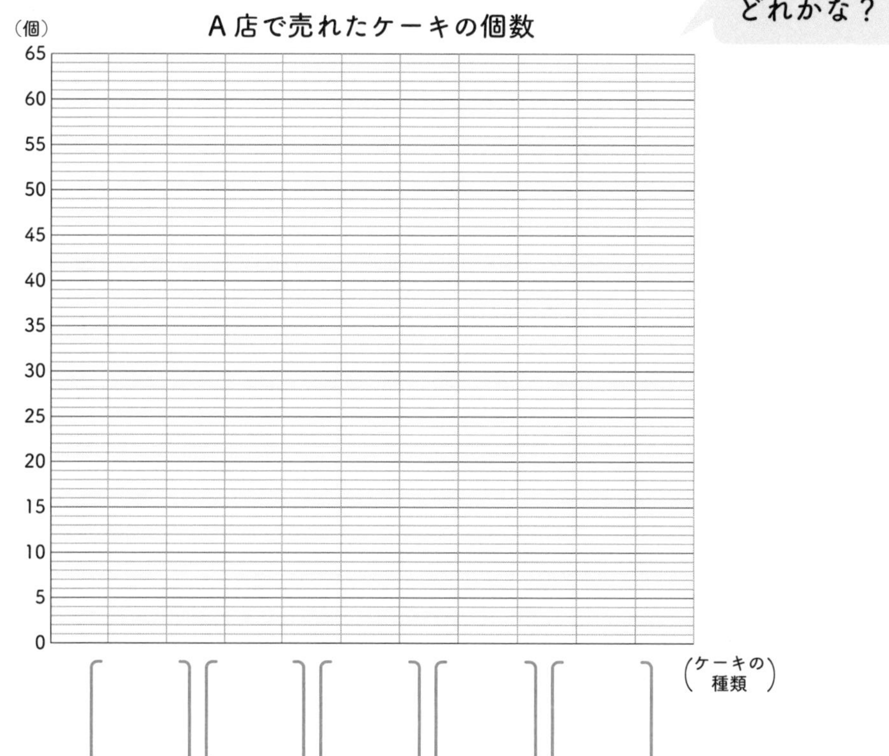

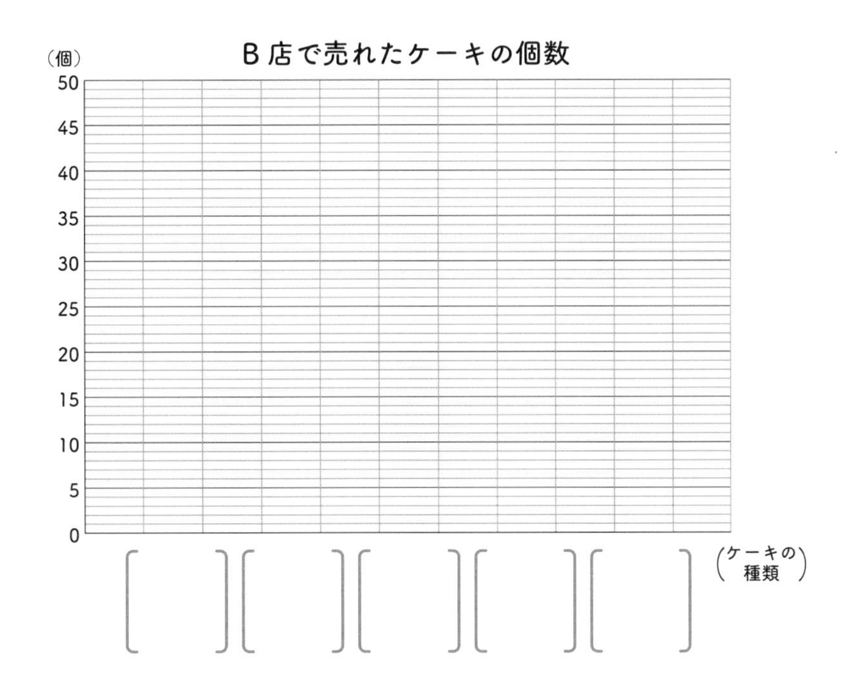

2 それぞれの店で最も売れたケーキの売り上げ個数は、最も売れなかったケーキの売り上げ個数の約何倍ですか。四捨五入して小数第一位まで答えましょう。

A店：約〔　　〕倍　B店：約〔　　〕倍

3 A店の売り上げ上位3種類の合計売り上げ個数は何個ですか。また、それはA店全体での売り上げ個数の何％ですか。

〔　　〕個　〔　　〕％

4 B店の売り上げ上位2種類の合計売り上げ個数は何個ですか。また、それはB店全体での売り上げ個数の何％ですか。

〔　　〕個　〔　　〕％

解答は36ページ

やってみよう2

グラフを描(か)いて、読み取ろう。

A社、B社、C社はスマートフォンを販売(はんばい)するライバル会社です。下の表は、3社のスマートフォンの売り上げをまとめたものです。

スマートフォンの売り上げ台数

会社＼年	2010年	2011年	2012年	2013年	2014年	2015年	2016年	2017年	2018年	2019年	2020年
A社（万台）	300	700	900	1000	1040	1100	1060	1180	1100	1080	1000
B社（万台）	120	580	600	560	540	660	620	600	460	440	420
C社（万台）	80	300	420	400	420	440	400	380	540	660	700
合計（万台）	500	1580	1920	1960	2000	2200	2080	2160	2100	2180	2120

❶ 表をもとに、折れ線グラフを完成させましょう。

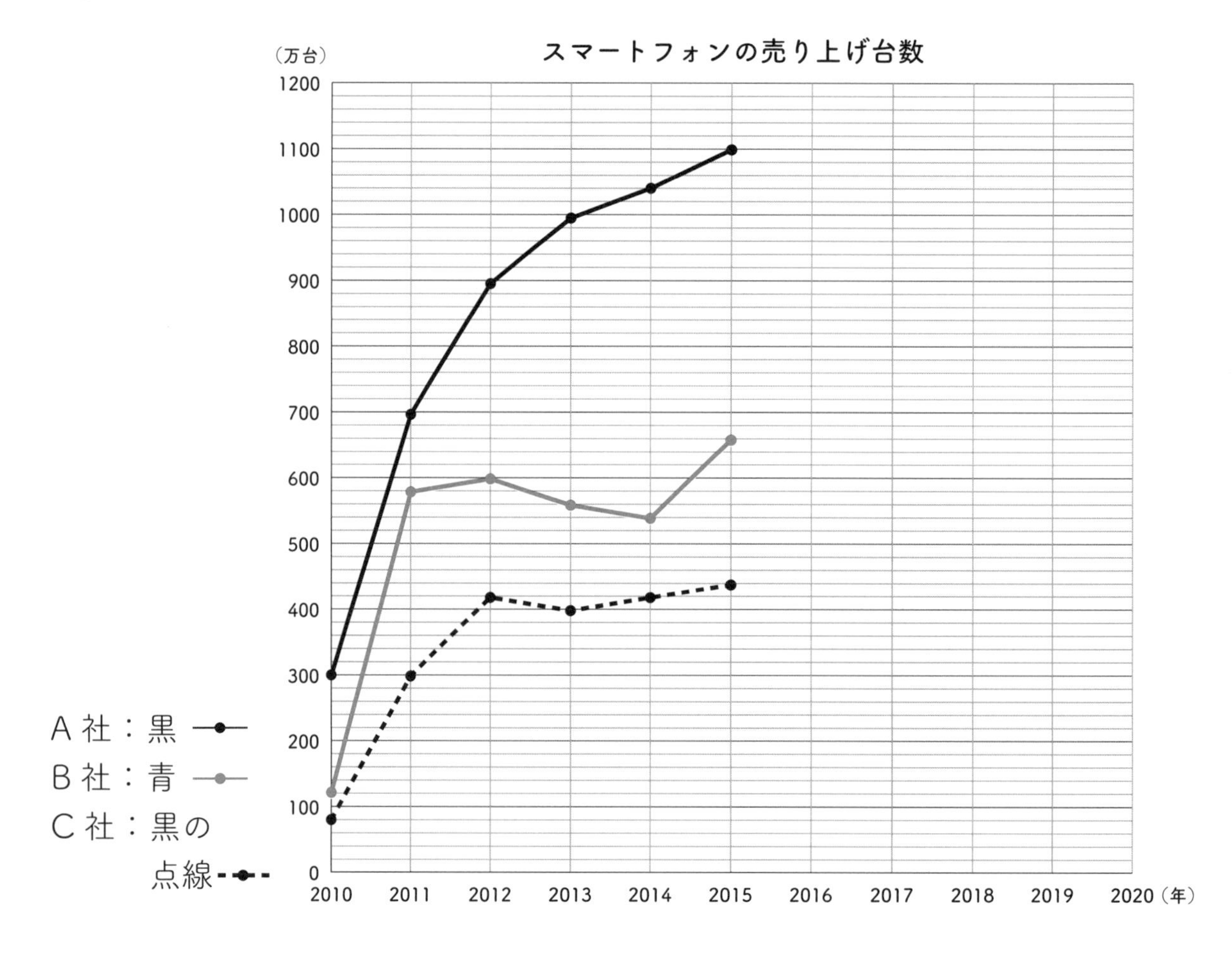

2 A社で最も売り上げ台数が多かったのは何年ですか。また、その年の売り上げ台数は2010年と比べて何台多いですか。

〔　　　〕年　〔　　　〕万台

3 1年間での売り上げ台数の増減が最も急激なのは、どの会社の何年と何年の間ですか。

〔　　　〕社の〔　　　〕年と〔　　　〕年の間

4 2017年以降に売り上げ台数を増やしているのはどの会社ですか。

〔　　　〕

5 売り上げ台数の順位について、空欄を埋めましょう。

〔　　　〕社と〔　　　〕社は、〔　　　〕年から〔　　　〕の間で売り上げ台数の順位が入れ替わっている。

解答は37ページ

やってみよう3

グラフを描いて、読み取ろう。

下の表は、東京都での8月の熱中症による救急搬送人員※1と日最高気温※2の平均を記録したものです。

日最高気温の平均と熱中症による救急搬送人員（東京都、8月）

	2015年	2016年	2017年	2018年	2019年	2020年
日最高気温の平均（℃）	30.5	31.6	30.4	32.5	32.8	34.1
救急搬送人員（人）	1904	1173	1045	2768	3816	4359
救急搬送人員　がい数※3（人）	1900					

「救急搬送人員」出典：総務省消防庁ホームページ「熱中症情報」（https://www.fdma.go.jp/disaster/heatstroke/post3.html）
「日最高気温平均」出典：気象庁ホームページ（https://www.data.jma.go.jp/obd/stats/etrn/index.php）

1 表の救急搬送人員の十の位を四捨五入して、上から2けたのがい数※3を求め、表の空欄を埋めましょう。

2 表をもとに、複合グラフを完成させましょう。

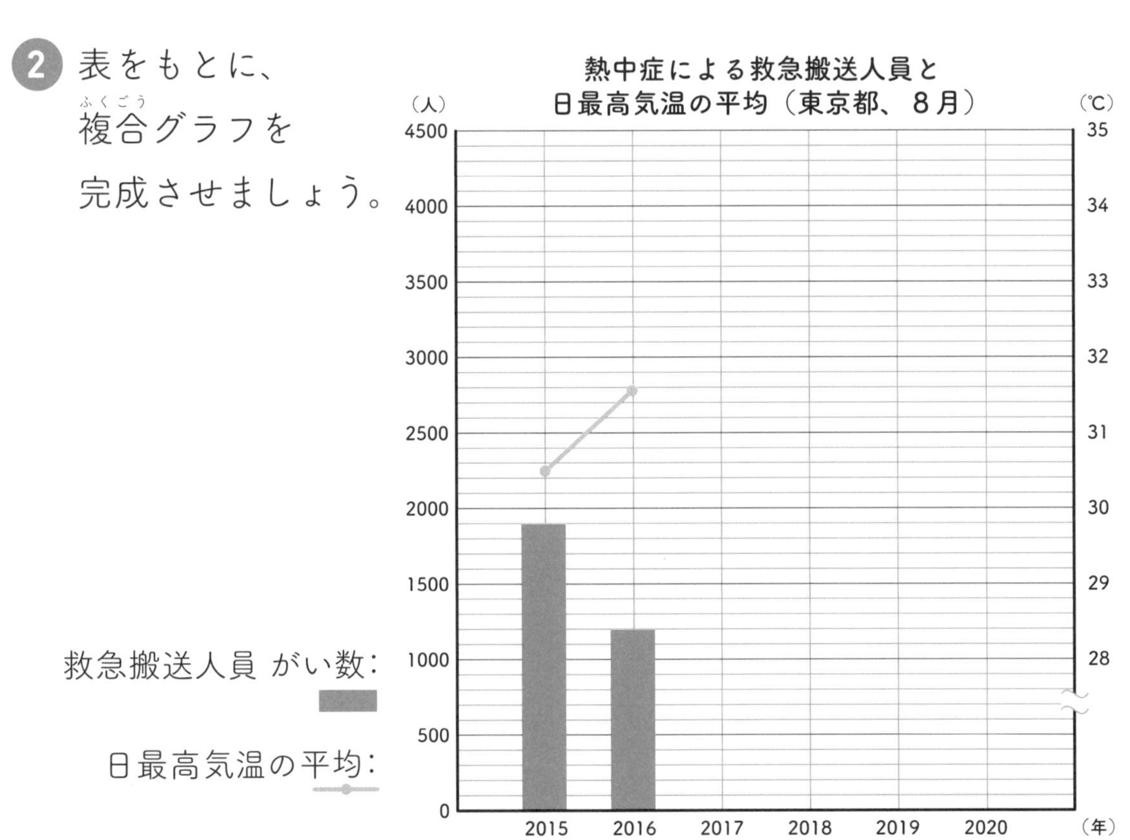

3 2018年の救急搬送人員は、2017年の約何倍ですか。四捨五入して小数第一位まで答えましょう。

〔　　　　　〕

4 2017年から2018年の日最高気温の平均は何℃上がりましたか。

〔　　　　　〕

5 大きな傾向として、日最高気温の平均と救急搬送人員にはどのような関係があると考えられますか。

〔ヒント：気温の上下と熱中症で運ばれた人の増減には、どのような関係がありそうかな？

　〕

解答は38ページ

※1 救急車で運ばれた人のこと。
※2 1日の中での最高気温のこと。
※3 おおよその数。1つの数値をある位までのがい数で表すには、そのすぐ下の位（右の位）の数字で四捨五入をして、おおよその数にする。

まめ知識

相関関係と因果関係

気温と、熱中症で運ばれた人の数には関係がありそうです。2つのうちの1つが変化すると、もう1つも変化するという関係を相関関係と言います。ここでは、気温の上昇と救急搬送人員の増加に相関関係がありそうです。

さらに、原因と結果について考えます。救急搬送人員が増えると、気温が上がるでしょうか。それはおかしな話ですね。気温が上がると、救急搬送人員が増加するという考え方の方が納得できます。2つのことの一方が原因で、もう1つが結果である関係を因果関係と言います。

30、31ページ

やってみよう1 グラフを描(か)いて、読み取ろう。

A店とB店で1週間に売れたケーキの種類と個数(こすう)

種類＼店	ショートケーキ	チーズケーキ	チョコケーキ	モンブラン	フルーツタルト	合計
A店（個）	60	22	52	18	48	200
B店（個）	8	44	7	6	40	105

1 表をもとに、棒(ぼう)グラフを完成させましょう。

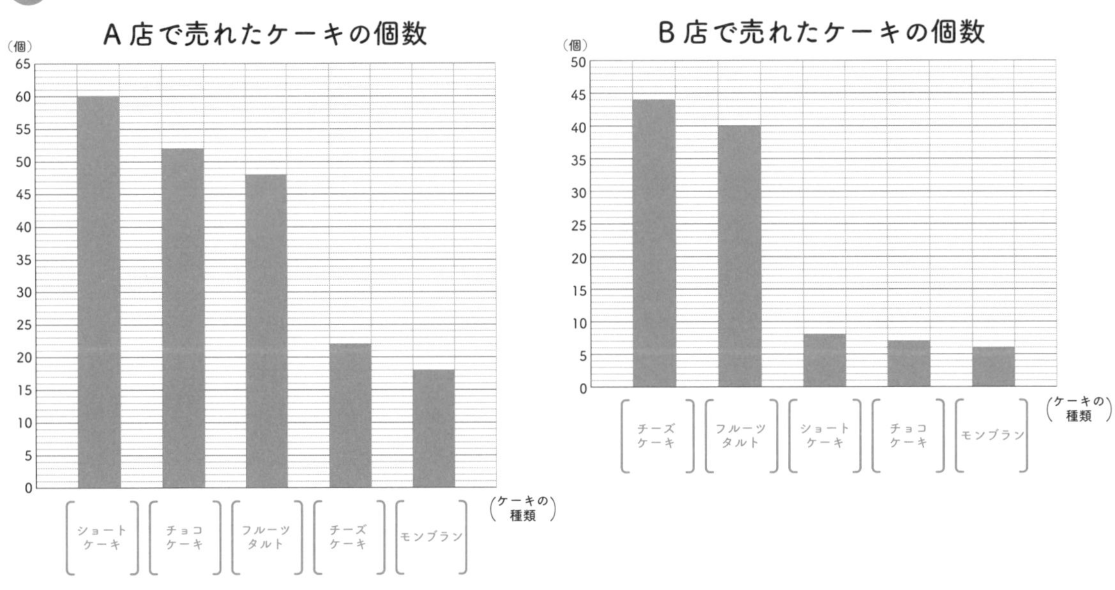

2 それぞれの店で最も売れたケーキの売り上げ個数は、最も売れなかったケーキの売り上げ個数の約何倍ですか。四捨五入(ししゃごにゅう)して小数第一位まで答えましょう。　A店：約〔 3.3 〕倍　B店：約〔 7.3 〕倍

3 A店の売り上げ上位3種類の合計売り上げ個数は何個ですか。また、それはA店全体での売り上げ個数の何％ですか。〔 160 〕個　〔 80 〕％

4 B店の売り上げ上位2種類の合計売り上げ個数は何個ですか。また、それはB店全体での売り上げ個数の何％ですか。〔 84 〕個　〔 80 〕％

▶❷ A店で最も売れたのはショートケーキで60個、最も売れなかったのはモンブランで18個でした。60÷18＝3.33… なので約3.3倍です。B店で最も売れたのはチーズケーキで44個、最も売れなかったのはモンブランで6個でした。44÷6＝7.33… なので約7.3倍です。

❸ A店での売り上げ上位3種類の合計売り上げ個数は、60+52+48=160個です。160÷200×10＝80％。

❹ B店での売り上げ上位2種類の合計売り上げ個数は、44+40＝84個です。84÷105×100＝80％。

全体の売り上げ個数の80％を占めるケーキは、主力商品であると言えます。もっと売り上げを伸ばすためには、主力商品についてさらに工夫をしたり、人気のない商品を改良したりすることが考えられますね。

32ページ

やってみよう2 グラフを描いて、読み取ろう。

スマートフォンの売り上げ台数

会社＼年	2010年	2011年	2012年	2013年	2014年	2015年	2016年	2017年	2018年	2019年	2020年
A社（万台）	300	700	900	1000	1040	1100	1060	1180	1100	1080	1000
B社（万台）	120	580	600	560	540	660	620	600	460	440	420
C社（万台）	80	300	420	400	420	440	400	380	540	660	700
合計（万台）	500	1580	1920	1960	2000	2200	2080	2160	2100	2180	2120

❶ 表をもとに、折れ線グラフを完成させましょう。

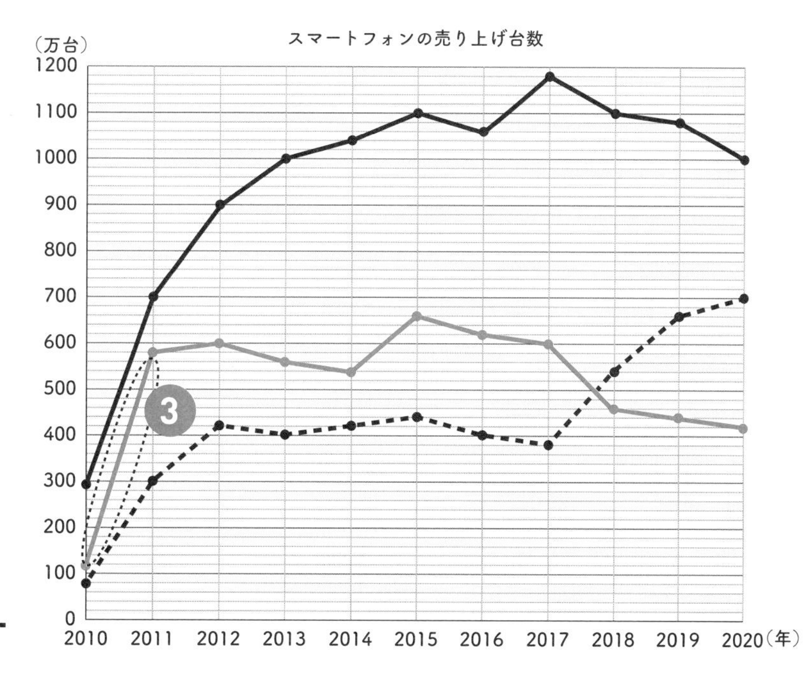

A社：黒

B社：青

C社：黒の点線

❷ A社で最も売り上げ台数が多かったのは何年ですか。また、その年の売り上げ台数は2010年と比べて何台多いですか。

〔 2017 〕年　〔 880 〕万台

❸ 1年間での売り上げ台数の増減が最も急激なのは、どの会社の何年と何年の間ですか。〔 B 〕社の〔 2010 〕年と〔 2011 〕年の間

❹ 2017年以降に売り上げ台数を増やしているのはどの会社ですか。

〔 C社 〕

❺ 売り上げ台数の順位について、空欄を埋めましょう。

〔 B 〕社と〔 C 〕社は、〔 2017 〕年から〔 2018 〕の間で売り上げ台数の順位が入れ替わっている。

▶❷A社で最も売り上げ台数が多かったのは2017年で、1180万台です。1180－300＝880万台。
❸折れ線の傾きを比べると、変化の度合いの違いを比べることができます。このグラフでは傾きが急だと、すごく売り上げが伸びているか、すごく売れなくなっているということです。
❹2017年から、A社とB社は売り上げが減り、C社は増えています。
❺2017年から2018年の間で、B社とC社の折れ線が交差して順位が入れ替わっています。

34、35ページ

やってみよう3　グラフを描いて、読み取ろう。

❶ 表の救急搬送人員の十の位を四捨五入して、上から2けたのがい数を求め、表の空欄を埋めましょう。

日最高気温の平均と熱中症による救急搬送人員（東京都、8月）

	2015年	2016年	2017年	2018年	2019年	2020年
日最高気温の平均（℃）	30.5	31.6	30.4	32.5	32.8	34.1
救急搬送人員（人）	1904	1173	1045	2768	3816	4359
救急搬送人員　がい数（人）	1900	1200	1000	2800	3800	4400

❷ 表をもとに、複合(ふくごう)グラフを完成させましょう。

救急搬送人員 がい数：

日最高気温の平均：

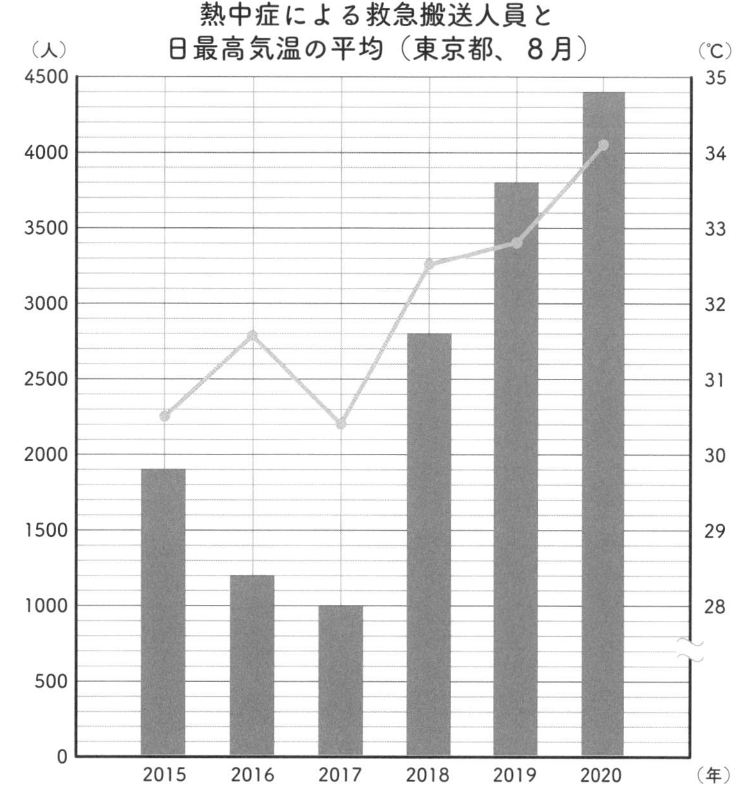

❸ 2018年の救急搬送人員は、2017年の約何倍ですか。四捨五入(ししゃごにゅう)して小数第一位まで答えましょう。

〔 約2.6倍 〕

❹ 2017年から2018年の日最高気温の平均は何℃上がりましたか。

〔 2.1℃ 〕

❺ 大きな傾向(けいこう)として、日最高気温の平均と救急搬送人員にはどのような関係があると考えられますか。

〔解答例〕
日最高気温の平均が上がると、救急搬送人員が増(ふ)える関係があると考えられる。

❸2768÷1045＝2.64…なので、小数第二位を四捨五入(ししゃごにゅう)して2.6倍です。
❹32.5－30.4＝2.1℃です。
❺部分的に、最高気温が上がり、救急搬送人員数が下がる年もありますが、全体を見ると「最高気温が上がると救急搬送数が増える」と言えそうです。

6 やってみようPPDAC アイスクリームと気温の関係

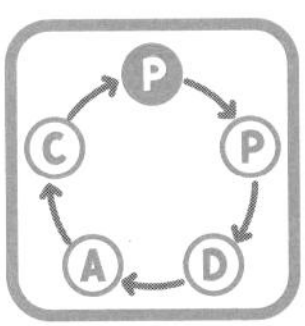

Problem（問題を設定する）
解決すべきことや興味・関心
決める必要があることから、「問い」を決める。

夏の暑い日に、アイスクリーム（以下アイスとする）が食べたくなったさくらさん。

「アイスばかり食べてたらダメよ！」

「暑いんだから、食べたくなるのは普通じゃないの？」

暑い日には、多くの人がアイスを食べたくなっているに違いない、と思ったさくらさんは、確かめてみることにしました。

興味があること「暑いときにはアイスが食べたくなるものじゃない？」

↓興味があることから問いを決める

問い「気温が上がるとアイスがたくさん買われているのではないか」

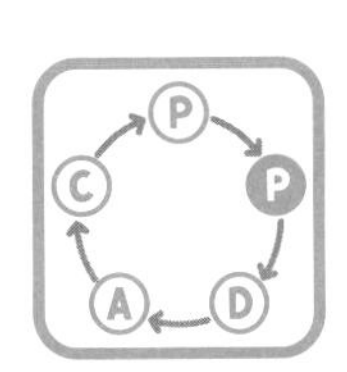

Plan（計画する）
①調べる項目を決める。
②データの集め方を考える。

①調べる項目は月ごとの「**アイスの売り上げ**」と「**平均気温**」にして、1年間での変化を比べることにしました。

②データの集め方は、家のパソコンを使って、インターネットで調査することにしました。

過去の天気や気温⇒気象庁、天気予報、日本気象協会のホームページ
アイスの売り上げ⇒アイスクリーム協会のホームページ
（https://www.icecream.or.jp/biz/data/expenditures.html）

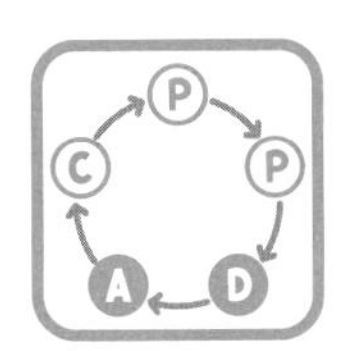

Data（データを集めて整理する）
データを集めて、目的に合った情報を選び、整理する。

&

Analysis（分析する）
表やグラフにする。
どんな様子や傾向があるか考える。

さくらさんは、インターネットで1世帯※1あたりのアイスへの支出※2と平均気温のデータを見つけ、表にしました。

※1 1つの家族として独立して生活する人の集まりのこと。
※2 何かのために支払うお金のこと。

2020年の平均気温とアイスの支出（1世帯あたり）

	1月	2月	3月	4月	5月	6月	7月	8月	9月	10月	11月	12月
平均気温（℃）	7.1	8.3	10.7	12.8	19.5	23.2	24.3	29.1	24.2	17.5	14	7.7
アイスへの支出（円）	510	482	610	689	1040	1123	1155	1658	1025	649	573	599

「アイスへの支出」出典：一般社団法人アイスクリーム協会ホームページ「アイスクリーム月別支出金額」
「平均気温」出典：気象庁ホームページ（https://www.data.jma.go.jp/obd/stats/etrn/index.php）

☞次のページにも同じ表があります。

やってみよう1

グラフを描いて、読み取ろう。

2020年の平均気温とアイスの支出（1世帯あたり）

	1月	2月	3月	4月	5月	6月	7月	8月	9月	10月	11月	12月
平均気温（℃）	7.1	8.3	10.7	12.8	19.5	23.2	24.3	29.1	24.2	17.5	14	7.7
アイスへの支出（円）	510	482	610	689	1040	1123	1155	1658	1025	649	573	599

1 表をもとに、折れ線グラフを足して複合グラフを描きましょう。

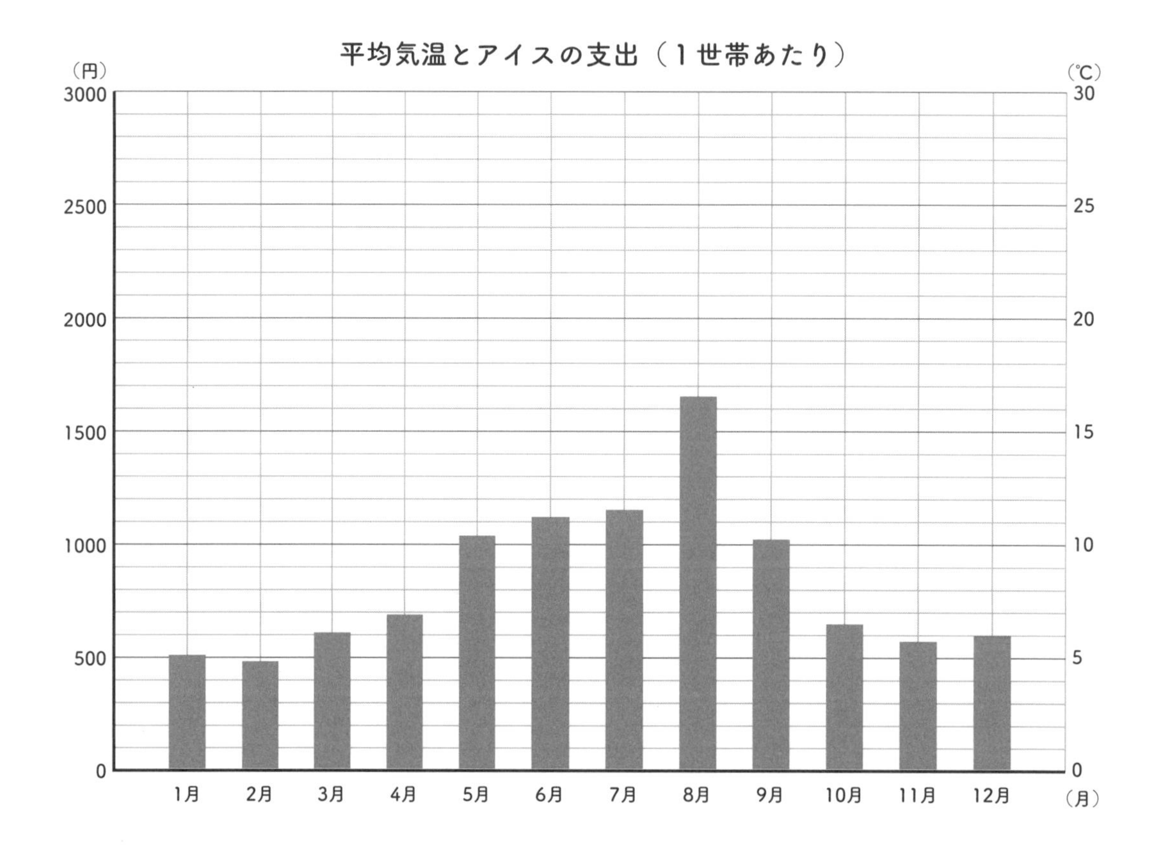

2 左の軸で1目盛りが表す値を答えましょう。 〔　　　　〕

右の軸で1目盛りが表す値を答えましょう。 〔　　　　〕

3 1年間の平均気温とアイスへの支出の変化について答えましょう。

平均気温は〔　　〕月が最も低く〔　　〕℃で、〔　　〕月が最も高く〔　　〕℃である。折れ線グラフは〔山型（やまがた）・谷型（たにがた）〕の形をしている。

アイスへの支出は〔　　〕月が最も少なく〔　　〕円で、〔　　〕月が最も多く〔　　〕円である。棒グラフは〔山型・谷型〕の形をしている。

4 平均気温とアイスへの支出にはどんな関係があると考えられますか。〔　　　　　　　　　　〕

解答は44ページ

Conclusion（結論を出す）
表やグラフを使って
調べた結果をまとめて伝える。

やってみよう2

分かったことをまとめよう。

問いについて調べて分かったことをまとめます。

『平均気温は〔　　〕月の最低値（さいていち）〔　　〕℃から〔　　〕月の最高値（さいこうち）〔　　〕℃に向けて上がり、その後下がっていく。アイスの支出も〔　　〕月の最低値〔　　〕円から〔　　〕月の最高値〔　　〕円に向けて増（ふ）え、その後減（へ）っていく。このことから、〔　　　　〕が上がると〔　　　　〕も増えるという関係が考えられる。』

解答は45ページ

42ページ
やってみよう1 グラフを描いて読み取ろう。

2020年の平均気温とアイスの支出（1世帯あたり）

	1月	2月	3月	4月	5月	6月	7月	8月	9月	10月	11月	12月
平均気温（℃）	7.1	8.3	10.7	12.8	19.5	23.2	24.3	29.1	24.2	17.5	14	7.7
アイスへの支出（円）	510	482	610	689	1040	1123	1155	1658	1025	649	573	599

❶ 表をもとに、折れ線グラフを足して複合グラフを描きましょう。

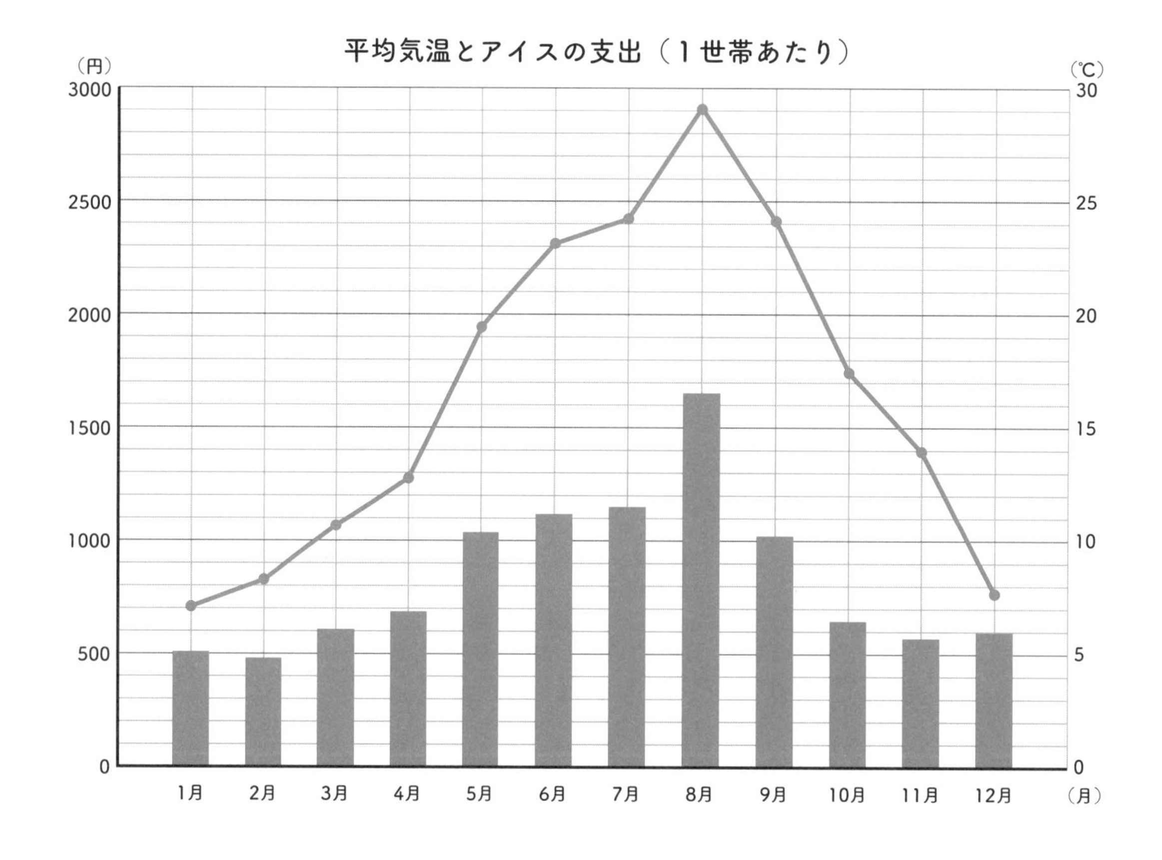

❷ 左の軸で1目盛りが表す値を答えましょう。 〔 100円 〕

右の軸で1目盛りが表す値を答えましょう。 〔 1℃ 〕

❸ １年間の平均気温とアイスへの支出の変化について答えましょう。

平均気温は［ 1 ］月が最も低く［ 7.1 ］℃で、［ 8 ］月が最も高く［ 29.1 ］℃である。折れ線グラフは［ 山型（やまがた）・谷型（たにがた） ］の形をしている。

アイスへの支出は［ 2 ］月が最も少なく［ 482 ］円で、［ 8 ］月が最も多く［ 1658 ］円である。棒グラフは［ 山型・谷型 ］の形をしている。

❹ 平均気温とアイスへの支出にはどんな関係があると考えられますか。

［〔解答例（かいとうれい）〕
平均気温が高いとアイスへの支出が増（ふ）える。］

43ページ
やってみよう2 分かったことをまとめよう。

問いについて調べて分かったことをまとめます。

『平均気温は［ 1 ］月の最低値（さいていち）［ 7.1 ］℃から［ 8 ］月の最高値（さいこうち）［ 29.1 ］℃に向けて上がり、その後下がっていく。アイスの支出も［ 2 ］月の最低値［ 482 ］円から［ 8 ］月の最高値［ 1658 ］円に向けて増（ふ）え、その後減（へ）っていく。このことから、［ 平均気温 ］が上がると［ アイスの支出 ］も増えるという関係が考えられる。』

▶35ページの「まめ知識（ちしき）」にあるように、２つの値（あたい）のどちらが原因（げんいん）でどちらが結果なのか、因果関係（いんがかんけい）を意識（いしき）してグラフを読み取ることが大切です。

集まりやちらばりを見る

7 代表値・ドットプロット・ヒストグラムを学ぼう

使う時間 45分くらい

月　日

代表値：平均値、中央値、最頻値について

データを代表する値のことを**代表値**と言います。代表値には、**平均値・中央値・最頻値**があり、異なる特徴をもちます。右のデータを例にして、代表値の出し方を見ていきましょう。

同じ班の人が夏休みに見た映画の本数

班の人にふった番号	①	②	③	④	⑤	⑥
映画の本数（本）	15	1	0	1	1	3

他のデータと極端に大きくはなれた値を、外れ値といいます。
平均値は、外れ値に左右されやすい特徴があります。ここでも、平均値は外れ値15本にひっぱられて3.5本になっていますね。一方、**中央値は外れ値に左右されにくい値**です。

平均値 大きさが異なる、いくつかの数や量を、同じ大きさにならした値。

平均値＝データの値の合計÷データの個数

（15＋1＋0＋1＋1＋3）÷6＝**3.5本**

中央値 データを最小値から順番に並べたときに、ちょうど真ん中に位置する値。

データの個数が奇数のときはちょうど真ん中の値
データの個数が偶数のときは真ん中の２つの平均値

下のデータの個数は、６個で偶数

0本　1本　1本　1本　3本　15本　の中央値は（1＋1）÷2＝**1本**

最頻値 データの中で一番多く出てくる値。

0本　1本　1本　1本　3本　15本　の最頻値は６人中３人いる**1本**

ドットプロットやヒストグラム（18、19ページ参照）を描いて、データのちらばりを見る練習をしましょう。

ドットプロットを描くコツ

1つのデータを1つのドットとして縦に積み上げる

横軸に目盛りと（単位）を書く

クラスメートが夏休みに見た映画の本数

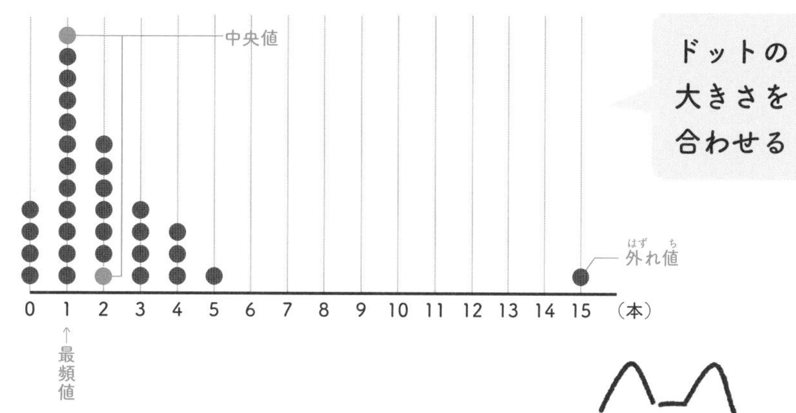

ドットの大きさを合わせる

ドットプロットにすると、最頻値や右端にある外れ値が一目で分かりますね。ドットを左から数えていくと、中央値も分かります。
このグラフのドットのちらばり方は、最頻値を山の頂点として左右に広がっていますね。

ヒストグラムを描くコツ

平均学習時間の階級（時間）	度数（人）
0分以上～30分未満	6
30分以上～1時間未満	36
1時間以上～1時間半未満	41
1時間半以上～2時間未満	13
2時間以上～2時間半未満	3
2時間半以上～3時間未満	1

東小学校5年生の平均学習時間（平日）

（人）45 40 35 30 25 20 15 10 5 0
0 30分 1時間 1時間半 2時間 2時間半 3時間（時間）

最大目盛りは最大度数より少し大きく

階級の幅を決めて、度数分布表を作る

縦軸に度数

柱と柱をくっつけて描く

横軸に階級

やってみよう1

代表値とドットプロットからデータのちらばり方を見よう。

1組と2組は代表者を15人ずつ出し、リフティング※の回数を競いました。下の表はその記録です。どちらの方が、よい記録と言えるでしょうか。

1組のリフティング回数

代表者にふった番号	①	②	③	④	⑤	⑥	⑦	⑧	⑨	⑩	⑪	⑫	⑬	⑭	⑮
リフティング回数（回）	4	4	2	3	6	4	5	5	4	4	7	5	3	3	5

2組のリフティング回数

代表者にふった番号	❶	❷	❸	❹	❺	❻	❼	❽	❾	❿	⓫	⓬	⓭	⓮	⓯
リフティング回数（回）	2	5	4	2	2	3	5	3	3	8	3	14	6	3	15

1 1組と2組それぞれの平均値を求めましょう。四捨五入して小数第一位まで答えます。

1組：平均値〔　　　〕　2組：平均値〔　　　〕

※足、太もも、頭など、手以外の体の部位を使ってボールを地面に落とさないようにする技術のこと。

平均値だけで記録を比べてもいいのでしょうか？データのちらばりの様子や、中央値・最頻値も比べてみましょう。

2 １組と２組のリフティングの回数をドットプロットに表し、中央値(ちゅうおうち)と最頻値(さいひんち)を求めましょう。

１組

0　5　10　15（回）

中央値［　　］　最頻値［　　］

２組

0　5　10　15（回）

中央値［　　］　最頻値［　　］

3 １組と２組、データが広くちらばっているのはどちらですか。［　　］

4 これまで調べたことから、１組と２組どちらの方が記録がよいと言えるか自分の考えを書きましょう。

ヒント：どの代表値で比べる？　平均値は外れ値にひっぱられていないかな？

解答は52ページ

やってみよう2

ヒストグラムを描いて、読み取ろう。

クラスのみんなで、体育館を使って紙飛行機大会を行いました。下の表は、紙飛行機の飛距離を記録したものです。

紙飛行機の飛距離（単位：m）

① 1.2	② 0.9	③ 17.5	④ 17.5	⑤ 15	⑥ 2.6	⑦ 2.3
⑧ 10.4	⑨ 5.6	⑩ 16.2	⑪ 12.3	⑫ 14.2	⑬ 2.1	⑭ 17.8
⑮ 12.6	⑯ 13	⑰ 14.5	⑱ 11.5	⑲ 12.3	⑳ 9.4	㉑ 10.3
㉒ 7.4	㉓ 6.4	㉔ 12.6	㉕ 0	㉖ 20.5	㉗ 16.7	

1 表をもとに、データを度数分布表にまとめましょう。

紙飛行機の飛距離

階級（m）	度数（人）
0m 以上～3m 未満	
3m 以上～ 6m 未満	
6m 以上～ 9m 未満	
9m 以上～ 12m 未満	
12m 以上～ 15m 未満	
15m 以上～ 18m 未満	
18m 以上～ 21m 未満	
合計	27

「タリーチャート」も使ってみよう！

何かを集計するときに、日本では「正」の字を使って数えますが、世界の統計教育では「タリーチャート」を使います。
5を1つのかたまりとして数えるのは一緒です。タリーチャートも使ってみてください。

2 度数分布表をもとに、ヒストグラムを描きましょう。

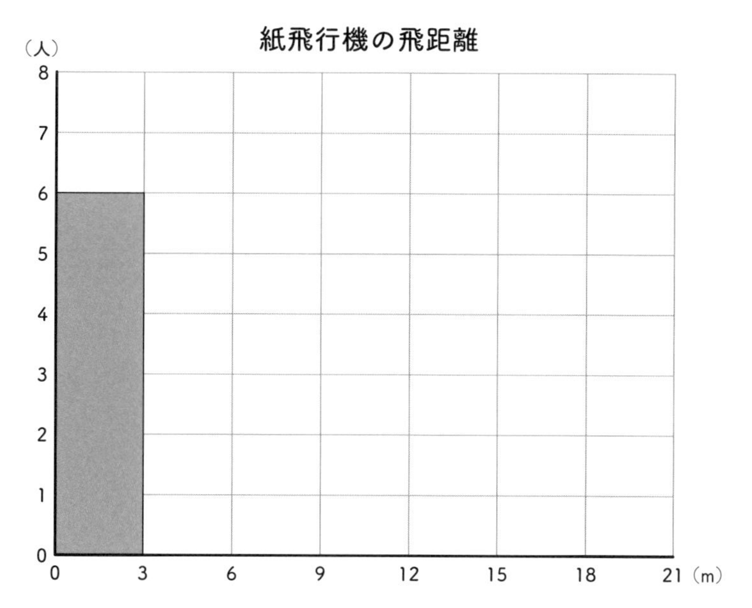

3 度数が最も多いのはどの階級ですか。〔　　　　　　　〕

4 このヒストグラムの特徴について答えましょう。

〔　　〕m 以上～〔　　〕m 未満の階級と、〔　　〕m 以上～〔　　〕m 未満の階級にデータが多い。山が〔　　〕つあるグラフの形をしている。

5 中央値のある階級はどの階級ですか。〔　　　　　　　〕

6 紙飛行機の飛距離の平均値は約10.5m でした。平均値のある階級の度数を答えましょう。〔　　　　　〕

解答は54ページ

48ページ
やってみよう1 代表値とドットプロットからデータのちらばり方を見よう。

1組のリフティング回数

代表者にふった番号	①	②	③	④	⑤	⑥	⑦	⑧	⑨	⑩	⑪	⑫	⑬	⑭	⑮
リフティング回数（回）	4	4	2	3	6	4	5	5	4	4	7	5	3	3	5

2組のリフティング回数

代表者にふった番号	❶	❷	❸	❹	❺	❻	❼	❽	❾	❿	⓫	⓬	⓭	⓮	⓯
リフティング回数（回）	2	5	4	2	2	3	5	3	3	8	3	14	6	3	15

1 1組と2組それぞれの平均値(へいきんち)を求めましょう。四捨五入(ししゃごにゅう)して小数第一位まで答えます。

1組：平均値〔 4.3回 〕 2組：平均値〔 5.2回 〕

2 1組と2組のリフティングの回数をドットプロットに表し、中央値(ちゅうおうち)と最頻値(さいひんち)を求めましょう。

1組

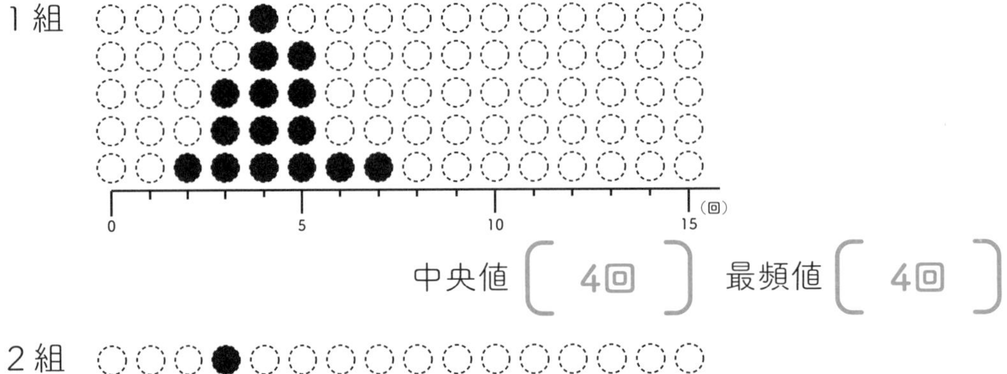

中央値〔 4回 〕 最頻値〔 4回 〕

2組

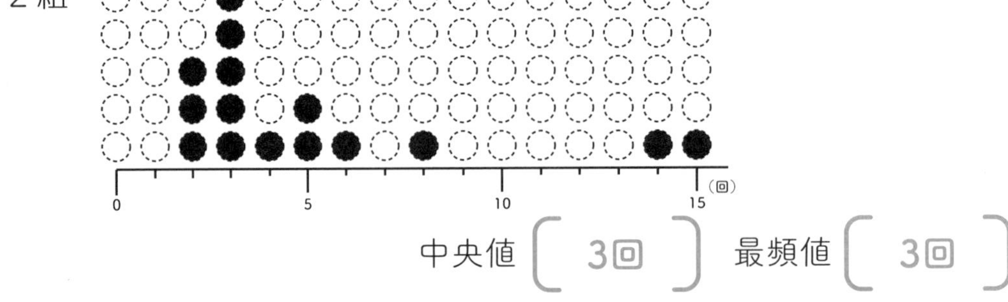

中央値〔 3回 〕 最頻値〔 3回 〕

3 1組と2組、データが広くちらばっているのはどちらですか。 〔 2組 〕

❹ これまで調べたことから、１組と２組どちらの方が記録がよいと言えるか自分の考えを書きましょう。

〔解答例〕

・２組の平均値は外れ値に大きくひっぱられているので、外れ値に左右されにくい中央値で比べる。１組が４回、２組が３回なので１組の記録の方がよい。

・最頻値がその組の普通と言えるので最頻値で比べる。１組が４回、２組が３回なので１組の記録の方がよい。

・外れ値を出した人も２組の一員なので、全員のデータが入った平均値で比べる。１組が4.3回、２組が5.2回なので２組の記録の方がよい。

▶❶１組：平均値は(4＋4＋2＋3＋6＋4＋5＋5＋4＋4＋7＋5＋3＋3＋5)÷15＝4.26.. 四捨五入して4.3回です。

２組：平均値は(2＋5＋4＋2＋2＋3＋5＋3＋3＋8＋3＋14＋6＋3＋15)÷15＝5.2回です。

❷１組：中央値は最小値から８番目（15個あるデータの真ん中）にある値なので４回、最頻値は５人のデータが集まった４回です。

２組：中央値は最小値から８番目にある値なので３回、最頻値は４人のデータが集まった３回です。

❸１組は４～５回にデータが集まっていますが、２組は外れ値もありデータが広くばらついています。

❹この問題に決まった答えはありません。数値を用いながら考えを説明できると、説得力が増します。

1組は平均値が4.3回、中央値が4回であるのに対して、2組では平均値が5.2回、中央値が3回と、平均値と中央値がはなれています。これは外れ値（14回と15回）に平均値がひっぱられているためです。どちらの記録がよいか比べるとき、平均値を基準にするかどうかも正解は決まっていません。データの傾向を見るときは、複数の代表値の様子を見ることが大切です。

50ページ

やってみよう2　ヒストグラムを描いて、読み取ろう。

紙飛行機の飛距離（単位：m）

① 1.2 ✓	② 0.9 ✓	③ 17.5 ✓	④ 17.5 ✓	⑤ 15 ✓	⑥ 2.6	⑦ 2.3
⑧ 10.4	⑨ 5.6	⑩ 16.2	⑪ 12.3	⑫ 14.2	⑬ 2.1	⑭ 17.8
⑮ 12.6	⑯ 13	⑰ 14.5	⑱ 11.5	⑲ 12.3	⑳ 9.4	㉑ 10.3
㉒ 7.4	㉓ 6.4	㉔ 12.6	㉕ 0	㉖ 20.5	㉗ 16.7	

1 表をもとに、データを度数分布表にまとめましょう。

2 度数分布表をもとに、ヒストグラムを描きましょう。

紙飛行機の飛距離

階級（m）	度数（人）
0m以上～3m未満	6
3m以上～ 6m未満	1
6m以上～ 9m未満	2
9m以上～12m未満	4
12m以上～15m未満	7
15m以上～18m未満	6
18m以上～21m未満	1
合計	27

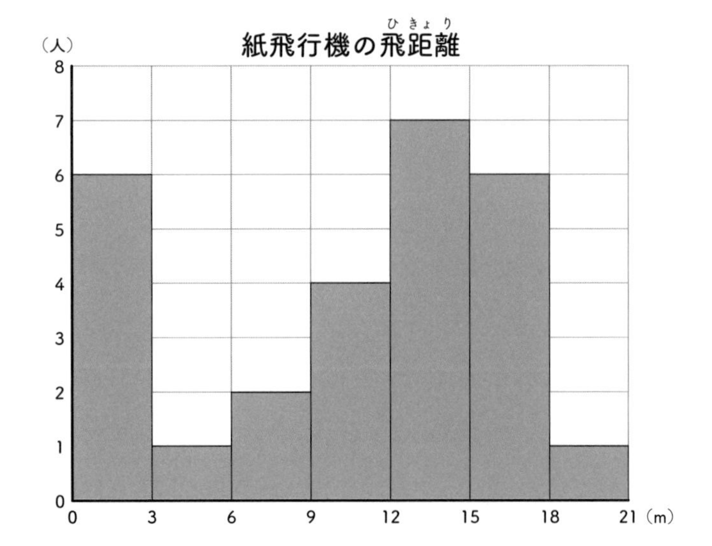

❸ 度数が最も多いのはどの階級ですか。 〔12m以上～15m未満の階級〕

❹ このヒストグラムの特徴について答えましょう。

〔0〕m 以上～〔3〕m 未満の階級と、〔12〕m 以上～〔15〕m 未満の階級にデータが多い。山が〔2〕つあるグラフの形をしている。

❺ 中央値のある階級はどの階級ですか。 〔12m以上～15m未満の階級〕

❻ 紙飛行機の飛距離の平均値は約10.5m でした。平均値のある階級の度数を答えましょう。 〔4〕

▶❶表の数値にチェックをして、正の字（もしくはタリーチャート）に棒を足す、という動作を繰り返して、もれなく数えます。
❸最も度数（人数）が多いのは、柱が最も高い12m以上～ 15m未満の階級です。
❹12m以上～ 15m未満の最も高い柱を中心に山になっていますが、その山とは別に0m以上～ 3m未満でも高い柱ができています。大きくは、紙飛行機をうまく飛ばせなかったグループと飛ばせたグループに分かれていますね。
❺27人の真ん中のデータは、27÷2＝13.5ですから、14人目のデータです。14人目のデータは12m以上～ 15m未満の階級にあります。

棒グラフは縦軸でデータの値を表しますが、ヒストグラムは横軸でデータの値を、縦軸でその値の頻度（どのくらいくり返し起こるか）を表します。ヒストグラムにすると、データの広がり方や、どのあたりにデータが集まっているかが見やすくなります。

代表値を使って交渉成立!?

8 やってみようPPDAC お小遣いアップ大作戦

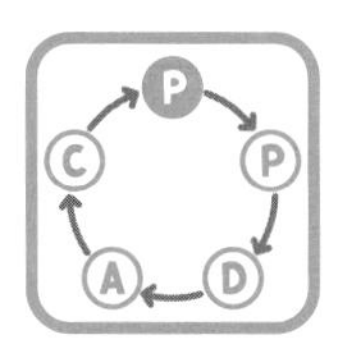

Problem（問題を設定する）
解決すべきことや興味・関心、
決める必要があることから、「問い」を決める。

たいがさんは、毎月700円のお小遣いをもらっていますが、いつもすぐにお小遣いが足りなくなり、困っています。お母さんにお小遣いの値上げを交渉しましたが、取り合ってくれません。

そこでクラスメートがどれくらいお小遣いをもらっているのか調べてみることにしました。

解決すべきこと「お小遣いを上げてほしい！」
↓　解決すべきことから問いを決める
問い「ぼくのお小遣いは、クラスのみんなより多い？少ない？」

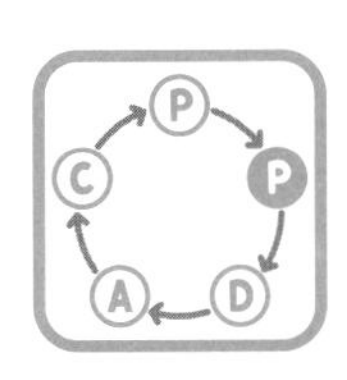

Plan（計画する）

①調べる項目を決める。

②データの集め方を考える。

①調べる項目は、クラスメートの「**1カ月分のお小遣いの金額**」にしました。

②データの集め方は、クラスメートの協力を得て、無記名式のアンケートをとることにしました。

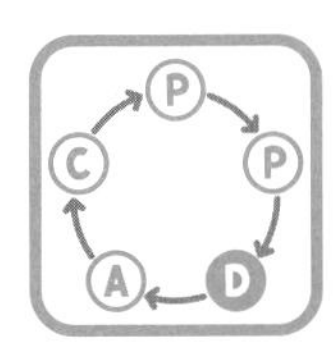

Data（データを集めて整理する）

データを集めて、目的に合った情報を選び、整理する。

下の表はクラスメートにアンケートをとった結果です。

クラスメートのお小遣い（円）

①0	②700	③700	④500	⑤500	⑥600	⑦600
⑧1000	⑨600	⑩700	⑪1000	⑫1000	⑬1000	⑭900
⑮1500	⑯1300	⑰5000				

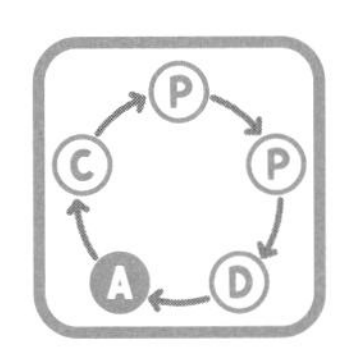

Analysis（分析する）

データを表やグラフにする。

どんな様子や傾向があるか考える。 は次のページから☞

クラスメートのお小遣い（円）

①0 ✓	②700	③700	④500	⑤500	⑥600	⑦600
⑧1000	⑨600	⑩700	⑪1000	⑫1000	⑬1000	⑭900
⑮1500	⑯1300	⑰5000				

やってみよう1

ドットプロットを描こう。

❶ 表をもとに、ドットプロットを描きましょう。

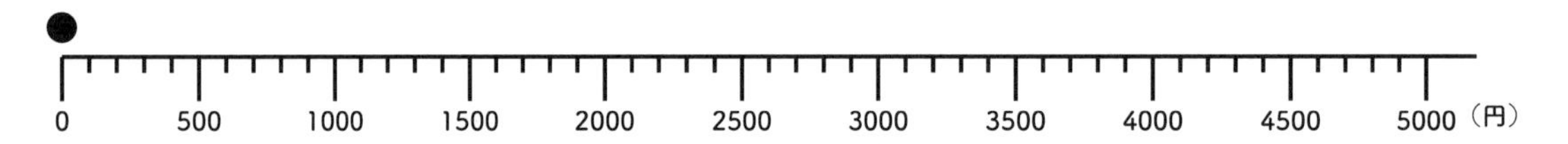

❷ 平均値・中央値・最頻値を求めましょう。少数第一位を四捨五入して整数で答えます。

平均値〔　　　　〕　中央値〔　　　　〕　最頻値〔　　　　〕

解答は62ページ

やってみよう2

ヒストグラムを描こう。

1 データを度数分布表にまとめ、ヒストグラムを描きましょう。

クラスメートのお小遣いの額の度数分布表

階級（円）	度数（人）
0円以上～ 500円未満	1
500円以上～1000円未満	
1000円以上～1500円未満	
1500円以上～2000円未満	
2000円以上～2500円未満	
2500円以上～3000円未満	
3000円以上～3500円未満	
3500円以上～4000円未満	
4000円以上～4500円未満	
4500円以上～5000円未満	
5000円以上～5500円未満	
合計	17

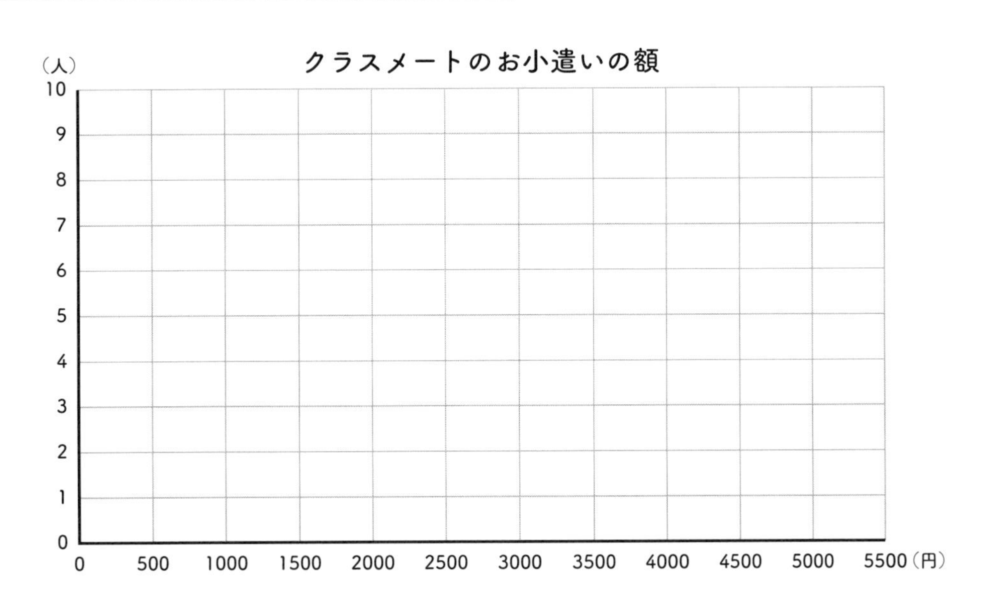

❸ 階級の幅は何円ですか。 [　　　　]

❹ 度数が最も多い階級はどこですか。 [　　　　]

❺ 平均値がある階級の度数を答えましょう。 [　　　　]

❻ 1000円未満の人の合計は何人ですか。 [　　　　]

解答は63ページ

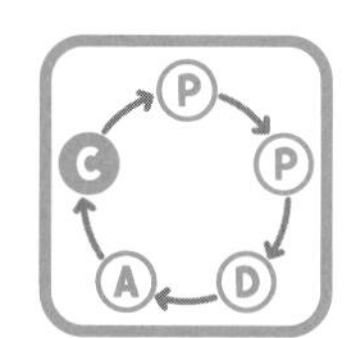

Conclusion（結論を出す）
表やグラフを使って
調べた結果をまとめて伝える。

やってみよう3

分かったことをまとめて、再交渉しよう。

たいがさんは、問いについて調べて分かったことをまとめて、お母さんにお小遣いの値上げを再交渉することにしました。以下の[　]に適した値を書きましょう。

ぼくの今のお小遣いは700円で、クラスの平均は
❶[　　　　]円だよ。ぼくのお小遣いはみんなより少ない！

あら、最大値の5000円は外れ値じゃないかしら。外れ値の影響を受けにくい中央値は❷[　　　　]円よ。

だとしても、最頻値は❸〔　　　〕円だよ。
やっぱりぼくのお小遣いはみんなより少ない！

ヒストグラムを見ると一番多い階級は❹〔　　　　　　　〕ね。1000円未満の人を合計すると❺〔　　　〕人で、全体（17人）の半分以上だし、その中に入っているうちは妥当な金額だと思うわ。
お小遣いアップは中学生になったらでどう？

むむ…　ん？
待って！外れ値をぬいて平均を出せば、極端な値に左右されない平均値になるんじゃない？ 0円もちょっと極端だし。最小値と最大値をのぞいた平均値は❻〔　　　〕円だよ！
※最小値と最大値をのぞいた平均値を計算して答えましょう。

なるほど。数値が集まっている集団だけで平均を出したのね。
いいでしょう、差額の❼〔　　　〕円アップで交渉成立よ。

解答は64ページ

58ページ
やってみよう1 ドットプロットを描(か)こう。

クラスメートのお小遣(こづか)い（円）

①0	②700	③700	④500	⑤500	⑥600	⑦600
⑧1000	⑨600	⑩700	⑪1000	⑫1000	⑬1000	⑭900
⑮1500	⑯1300	⑰5000				

❶ 表をもとに、ドットプロットを描(か)きましょう。

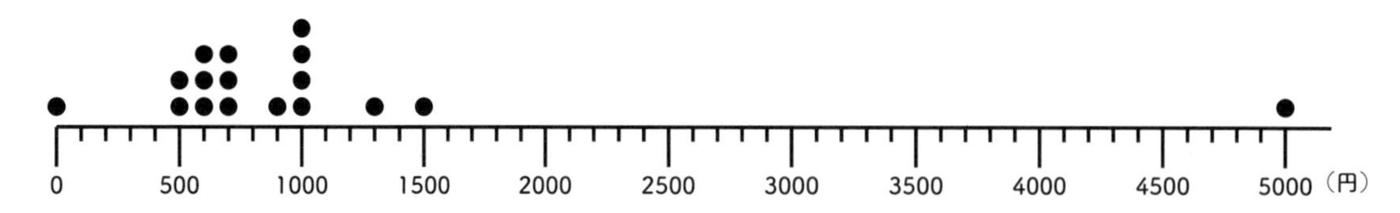

❷ 平均値(へいきんち)・中央値(ちゅうおうち)・最頻値(さいひんち)を求めましょう。少数第一位を四捨五入(ししゃごにゅう)して整数で答えます。

平均値（1035円）　中央値（700円）　最頻値（1000円）

▶❶ドットプロットを見ると、データの多くが500 ～ 1500円あたりに集まっていますね。5000円は極端(きょくたん)な値（外(はず)れ値(ち)）に見えます。
❷平均値：(0＋700＋700＋500＋500＋600＋600＋1000＋600＋700＋1000＋1000＋1000＋900＋1500＋1300＋5000）÷17＝1035.29.. 四捨五入して1035円です。
中央値：データの個数(こすう)は全部で17なので、真ん中は17÷2＝8.5、下から９人目のデータである700円が中央値です。
最頻値：ドットが最も高く積まれている最頻値は1000円です。
　平均値と最頻値は1000円付近にあり、中央値（700円）と離れている特徴があります。

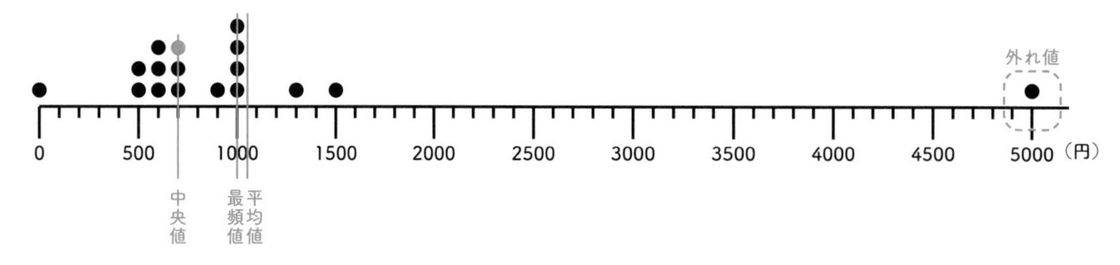

59ページ

やってみよう2 ヒストグラムを描こう。

❶ データを度数分布表にまとめ、ヒストグラムを描きましょう。

クラスメートのお小遣いの額の度数分布表

階級（円）	度数（人）
0円以上～ 500円未満	1
500円以上～1000円未満	9
1000円以上～1500円未満	5
1500円以上～2000円未満	1
2000円以上～2500円未満	0
2500円以上～3000円未満	0
3000円以上～3500円未満	0
3500円以上～4000円未満	0
4000円以上～4500円未満	0
4500円以上～5000円未満	0
5000円以上～5500円未満	1
合計	17

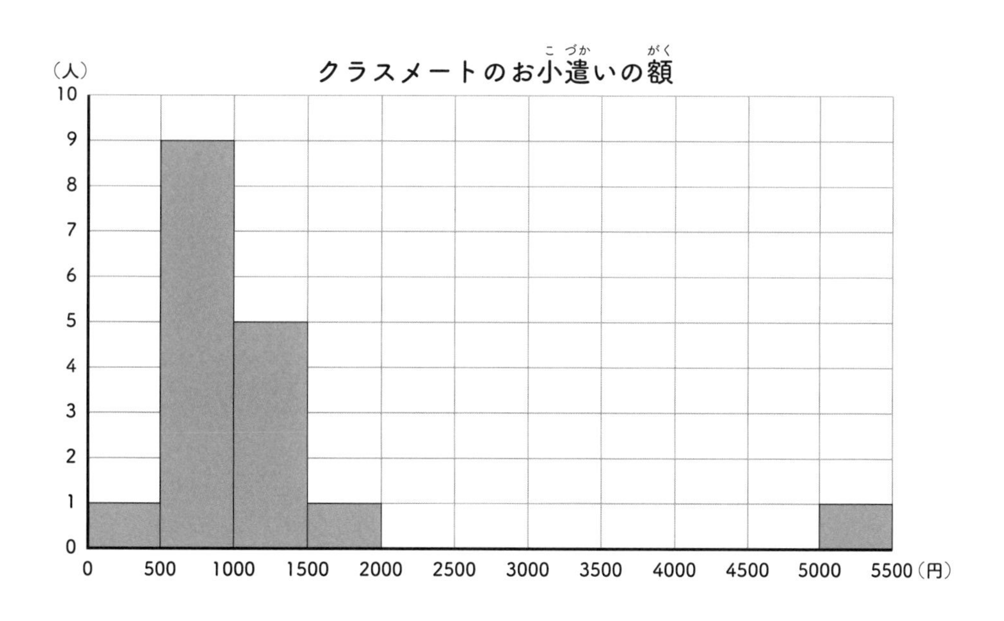

③ 階級の幅は何円ですか。 〔500円〕

④ 度数が最も多い階級はどこですか。 〔500円以上～1000円未満の階級〕

⑤ 平均値がある階級の度数を答えましょう。 〔5〕

⑥ 1000円未満の人の合計は何人ですか。 〔10人〕

▶ヒストグラムを見ると、500円以上～1000円未満の階級が最も多い山で、ここでも5000円は極端な値（外れ値）に見えます。
⑤平均値は1035円なので、1000円以上～1500円未満の階級の度数（人数）を答えます。
⑥1000円未満の人の人数を足すと10人となり、全体（17人）の半分以上になります。ある階級から上の階級、もしくは下の階級の度数をまとめて、全体と比べることで、その階級以上（もしくは以下）が全体のどれくらいを占めるか見ることも、分析に役立ちます。

60、61ページ

やってみよう3 分かったことをまとめて、再交渉しよう。

ぼくの今のお小遣いは700円で、クラスの平均は
①〔1035〕円だよ。ぼくのお小遣いはみんなより少ない！

あら、最大値の5000円は外れ値じゃないかしら。外れ値の影響を受けにくい中央値は②〔700〕円よ。

だとしても、最頻値は③〔1000〕円だよ。
やっぱりぼくのお小遣いはみんなより少ない！

ヒストグラムを見ると一番多い階級は❹〔500円以上～1000円未満〕ね。1000円未満の人を合計すると❺〔 10 〕人で、全体（17人）の半分以上だし、その中に入っているうちは妥当な金額だと思うわ。
お小遣いアップは中学生になったらでどう？

むむ… ん？
待って！外れ値をぬいて平均を出せば、極端な値に左右されない平均値になるんじゃない？ 0円もちょっと極端だし。最小値と最大値をのぞいた平均値は❻〔 840 〕円だよ！

なるほど。数値が集まっている集団だけで平均を出したのね。
いいでしょう、差額の❼〔 140 〕円アップで交渉成立よ。

▶平均値、中央値、最頻値のどれが代表値として正しいかは決まっていません。複数の代表値を見ながら、目的に合った代表値を使うことが大切です。
❻両端の値（0円と5000円）をのぞいて平均値を計算すると（700＋700＋500＋500＋600＋600＋1000＋600＋700＋1000＋1000＋1000＋900＋1500＋1300）÷15＝840円です。
❼たいがさんの今のお小遣いとの差額は840－700＝140円です。

まめ知識

【発展】刈り込み平均

データを最小値から順番に並べて、最小値と最大値の両側から同じ数のデータを除いて平均を計算することで、外れ値の影響が少ない平均値を計算することができます。この平均を刈り込み平均などと呼びます。今回は5000円と0円をのぞいて計算することで、外れ値の影響を少なくした平均が計算できました。

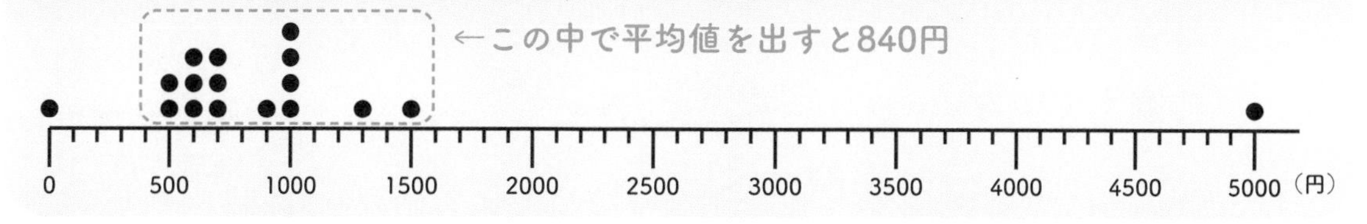

割合を見たいとき

使う時間 45分くらい

月　日

9 円グラフと帯グラフを学ぼう

円グラフと帯グラフ（25ページ参照）を描いて、読み取る練習をしましょう。

円グラフを描くコツ

クラスメートに聞いたアンケート
「地震発生時の集合場所を家族で決めて、覚えているか」

	人数（人）	割合
決めており、覚えている	15	47%
決めたが、覚えていない	7	22%
決めていない	10	31%
合計	32	100%

①人数から割合を計算する
15÷32×100＝46.8
小数第一位を四捨五入して47％
②360°に割合をかける
360×47％＝169.2度
（360×0.47＝169.2）

項目ごとに色や柄を変える

円の中心から真上にのびた線（基線）から、計算した角度で中心角をとる

項目名と割合を書く。円の中に入らないときは、引き出し線を使って外に書く。

データの順番は時計周りに、割合の大きい順か、段階や意味のある順番で区切る

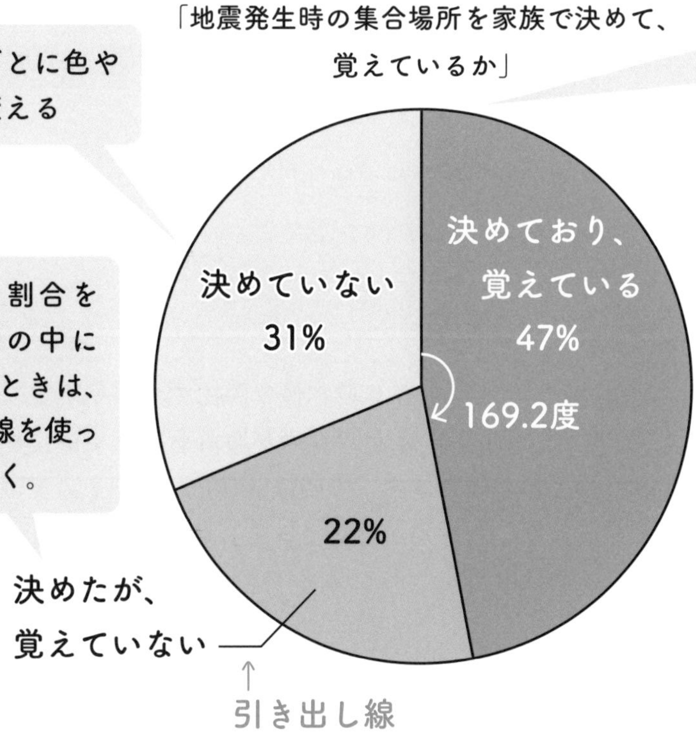

帯グラフを描くコツ

東小学校５・６年生の平日の平均学習時間　人数を表した表

	0～30分未満	30分以上～1時間未満	1時間以上～1時間半未満	1時間半以上～2時間未満	2時間以上～2時間半未満	2時間半以上～3時間未満	合計
5年生（人）	5	30	36	10	2	1	84人
6年生（人）	3	29	30	14	9	4	89人

人数から割合を計算する
5÷84×100＝5.95..%　四捨五入して6%

東小学校５・６年生の平日の平均学習時間　割合を表した表

	0～30分未満	30分以上～1時間未満	1時間以上～1時間半未満	1時間半以上～2時間未満	2時間以上～2時間半未満	2時間半以上～3時間未満	合計
5年生	6%	36%	43%	12%	2%	1%	100%
6年生	3%	33%	34%	16%	10%	4%	100%

帯の中は
項目ごとに色や柄を変える

東小学校５・６年生の平均学習時間（平日）

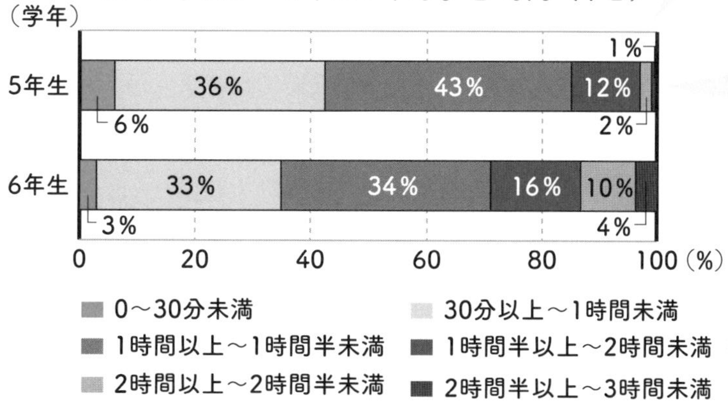

（学年）
5年生　6%　36%　43%　12%　2%　1%
6年生　3%　33%　34%　16%　10%　4%
0　20　40　60　80　100（%）

0～30分未満
30分以上～1時間未満
1時間以上～1時間半未満
1時間半以上～2時間未満
2時間以上～2時間半未満
2時間半以上～3時間未満

縦に比較する帯を並べる

帯の中に割合を書く

横軸は割合

帯の中のデータの順番は、必ずしも割合が大きい順ではない。データに段階や順番がある場合はその順番とし、比べる帯ごとに順番を変えないようにする

グラフの中に入らないときは、外に凡例をまとめる

やってみよう1

円グラフと帯グラフを描(か)いて、読み取ろう。

下の表は、やまとさんとみさきさんのお年玉の使い道を記録したものです。

やまとさんのお年玉の使い道

お年玉の使い道	金額(きんがく)（円）	割合(わりあい)（%）
まんが	1200	30%
おもちゃ	1000	
お菓子(かし)	800	
文房具(ぶんぼうぐ)	200	
貯金(ちょきん)	800	20%
合計	4000	100%

みさきさんのお年玉の使い道

お年玉の使い道	金額(きんがく)（円）	割合(わりあい)（%）
まんが		20%
おもちゃ	600	8%
お菓子(かし)	600	8%
文房具(ぶんぼうぐ)	1800	24%
貯金(ちょきん)		40%
合計	7500	100%

1 やまとさんの使い道の割合を計算して、表の空欄(くうらん)を埋(う)めましょう。

2 みさきさんの使い道の金額を計算して、表の空欄を埋めましょう。

3 表をもとに、やまとさんの円グラフを描き(か)ましょう。

- 割合(わりあい)が大きい順に時計回りに区切る
- みさきさんの円グラフを参考に、項目(こうもく)と割合を書き込(こ)む
- 項目を色鉛筆(いろえんぴつ)で色分けすると見やすくなる

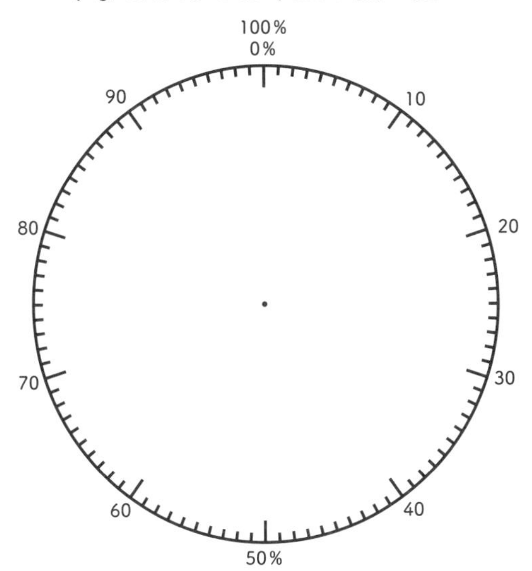

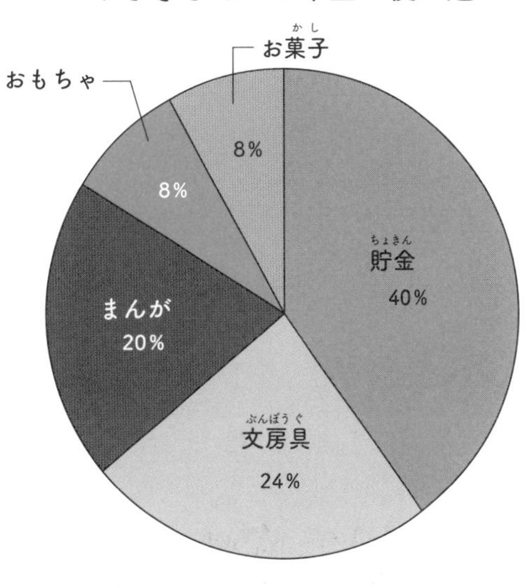

4 表と円グラフを見て答えましょう。

- やまとさんがまんがに使った金額(きんがく)の割合は、文房具に使った金額の割合の何倍ですか。 〔　　　　〕
- やまとさんは、まんがとおもちゃとお菓子で全体の何分の何を使っていますか。 〔　　　　〕

※68ページで計算した数字を写しましょう。

やまとさんのお年玉の使い道

お年玉の使い道	金額（円）	割合（%）
まんが	1200	30%
おもちゃ	1000	
お菓子	800	
文房具	200	
貯金	800	20%
合計	4000	100%

みさきさんのお年玉の使い道

お年玉の使い道	金額（円）	割合（%）
まんが		20%
おもちゃ	600	8%
お菓子	600	8%
文房具	1800	24%
貯金		40%
合計	7500	100%

5 表をもとに、帯グラフを描きましょう。

・2の帯どちらも左から「まんが、おもちゃ、お菓子、文房具、貯金」の順で書く

・項目を色鉛筆で色分けすると見やすくなる

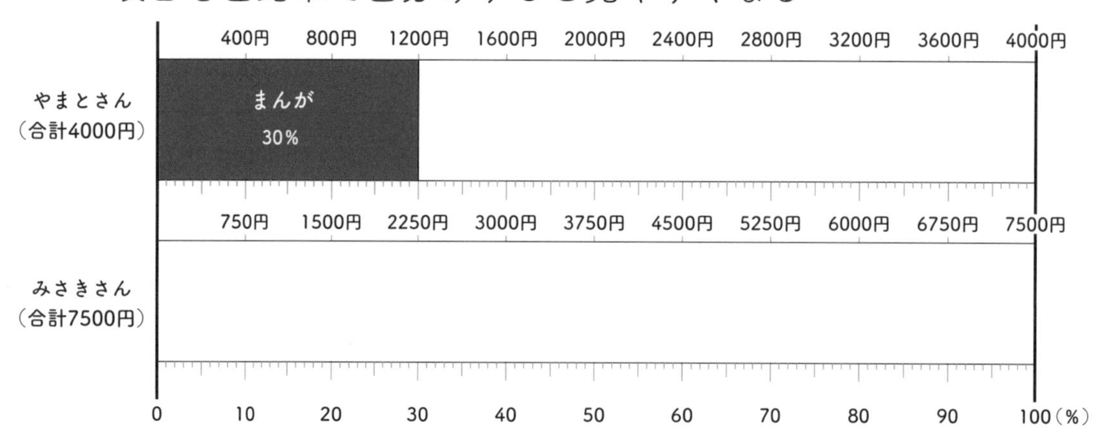

6 帯グラフを見て答えましょう。

・2人それぞれで最も大きい割合を示す使い道は何ですか。

やまとさん〔　　　　〕　みさきさん〔　　　　〕

・まんがに使うお金の割合が大きいのは、2人のうちどちらですか。〔　　　　〕

・まんがに使う実際の金額が大きいのは、2人のうちどちらですか。〔　　　　〕

解答は72ページ

やってみよう2

帯グラフを読み取ろう。

下の表は、日本の２人以上の世帯における消費支出※の割合を表したものです。※生活に必要な商品やサービスを買うために支払ったお金のこと。

世帯内消費支出の推移（２人以上の世帯）

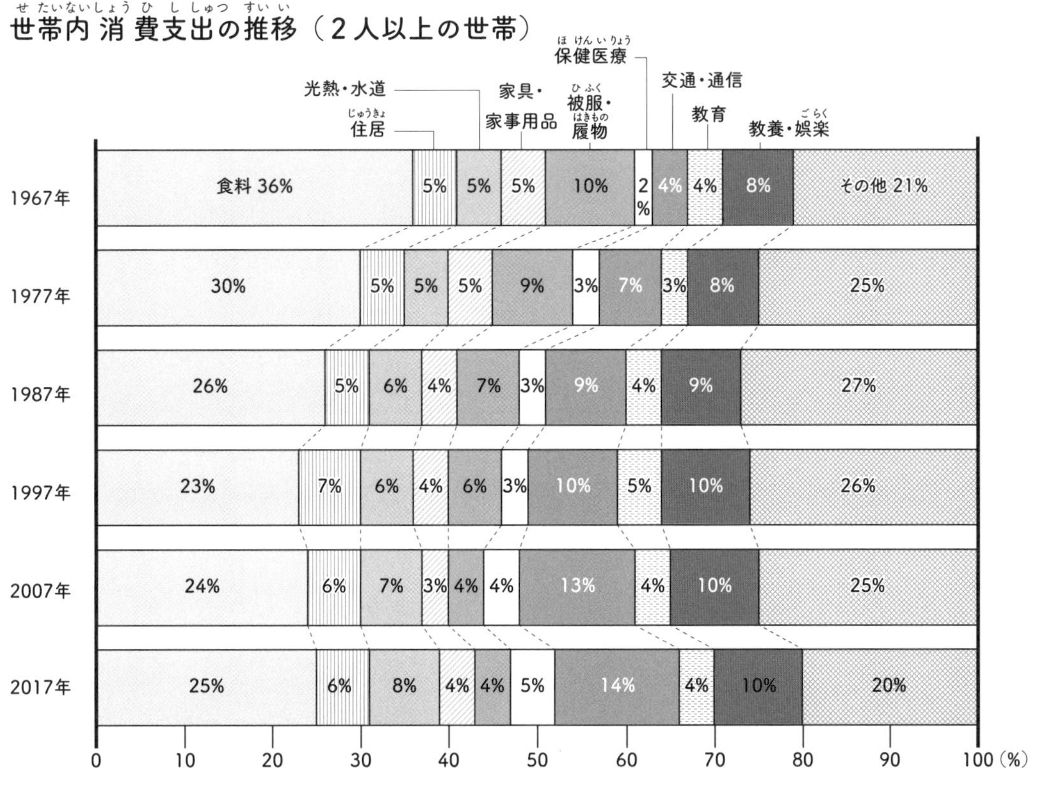

※グラフは総務省統計局「家計調査結果」（https://www.stat.go.jp/data/kakei/longtime/index2.html）のデータを加工して作成

1 2017年における食費の割合は、2017年全体の何％ですか。　〔　　　　　〕

2 1967年から2017年までの変化の様子に関し、〔　　〕の正しい方に○を付けましょう。

被服・履物費の割合は〔 増加・減少 〕しており、保険医療費の割合は〔 増加・減少 〕している。

3 交通・通信費の割合は、2017年では1967年の何倍になっていますか。　〔　　　　　〕

解答は75ページ

68ページ

やってみよう1 円グラフと帯グラフを描いて、読み取ろう。

1 やまとさんの使い道の割合を計算して、表の空欄を埋めましょう。

2 みさきさんの使い道の金額を計算して、表の空欄を埋めましょう。

やまとさんのお年玉の使い道

お年玉の使い道	金額（円）	割合（%）
まんが	1200	30%
おもちゃ	1000	25%
お菓子	800	20%
文房具	200	5%
貯金	800	20%
合計	4000	100%

みさきさんのお年玉の使い道

お年玉の使い道	金額（円）	割合（%）
まんが	1500	20%
おもちゃ	600	8%
お菓子	600	8%
文房具	1800	24%
貯金	3000	40%
合計	7500	100%

3 表をもとに、やまとさんの円グラフを描きましょう。

やまとさんのお年玉の使い道

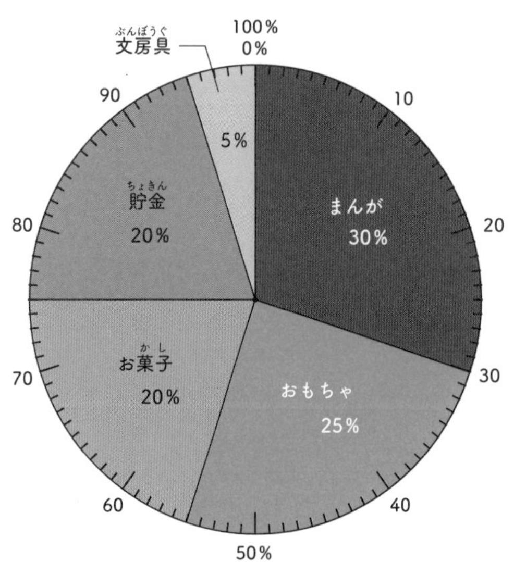

みさきさんのお年玉の使い道

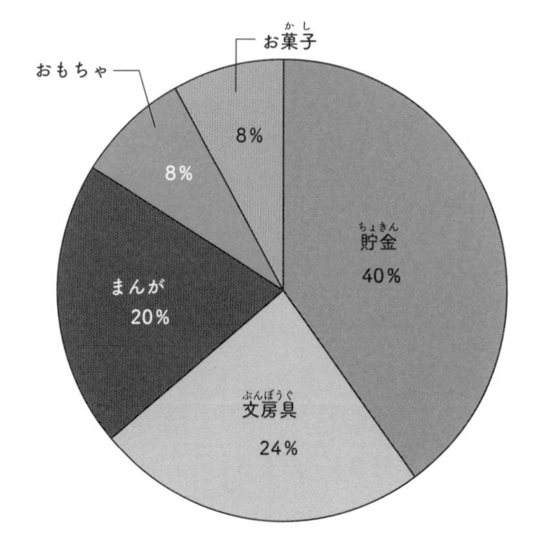

4 表と円グラフを見て答えましょう。

・やまとさんがまんがに使った金額(きんがく)の割合(わりあい)は、文房具(ぶんぼうぐ)に使った金額の割合の何倍ですか。 〔 6倍 〕

・やまとさんは、まんがとおもちゃとお菓子(かし)で全体の何分の何を使っていますか。 〔 3/4、4分の3 〕

5 表をもとに、帯グラフを描(か)きましょう。

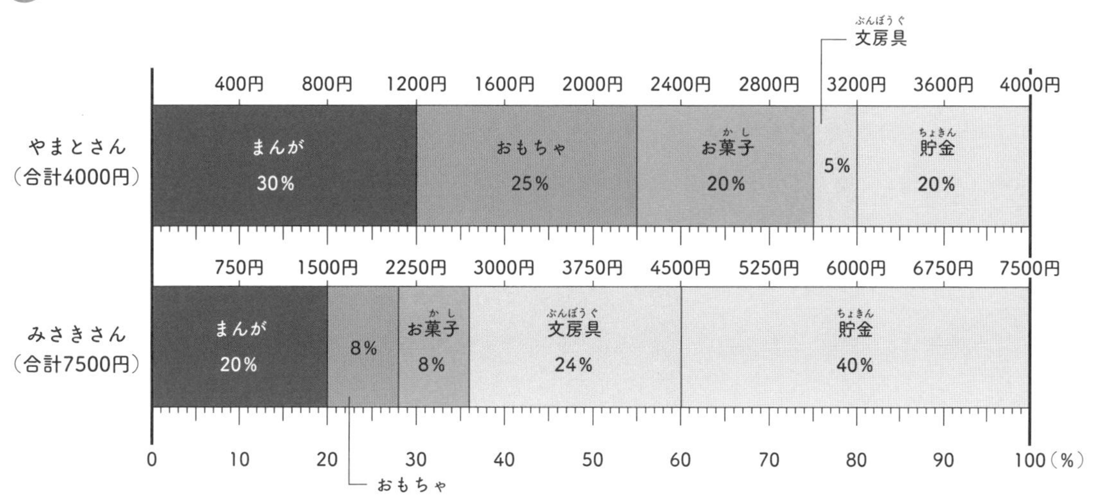

6 帯グラフを見て答えましょう。

・2人それぞれで最も大きい割合を示す使い道は何ですか。

やまとさん 〔 まんが 〕 みさきさん 〔 貯金 〕

・まんがに使うお金の割合が大きいのは、2人のうちどちらですか。 〔 やまとさん 〕

・まんがに使う実際の金額が大きいのは、2人のうちどちらですか。 〔 みさきさん 〕

▶❶割合の出し方は（〇〇に使った金額）÷（全体の金額）×100です。おもちゃ：1000÷4000×100＝25%、お菓子：800÷4000×100＝20%、文房具：200÷4000×100＝5%。

❷使った金額の出し方は（全体の金額）×割合です。まんが：7500×20% ＝1500円。貯金：7500×40% ＝3000円。

❸円グラフは、割合が大きい項目順に区切るのが基本です（項目の順番に意味がある場合はその順番で区切ることもあります）。この問題ではグラフ用の円に割合の目盛りがありますが、自分で円グラフを作るときには、360度を100% として、割合で割ります。１％で中心角3.6度、10％で36度、というように中心角を区切ります。

❹まんがは30%、文房具は5% なので６倍です。まんが、おもちゃ、お菓子の割合を足すと30% ＋25% ＋20% ＝75%。75% は100% の４分の３です（75/100＝3/4）。円グラフで見ると、75％が円の４分の３であることが目で見て分かりやすいですね。90° が全体の４分の１（25％）と分かりやすいのも円グラフの特徴の１つです。

❺項目を並べる順番は比べる帯グラフで同じにします。

❻帯グラフや円グラフでは割合は表せますが、実際の数値は表せません（表示してある場合もあります）。この問題で言うと、２人のお年玉の使い道の割合は表せますが、実際の金額はグラフを見ただけでは分かりません。総額に項目ごとの割合をかけると、実際の金額が分かります。まんがに使ったお金は、やまとさんは総額の30％で1200円、みさきさんは総額の20％で1500円になります。

71ページ

やってみよう2　帯グラフを読み取ろう。

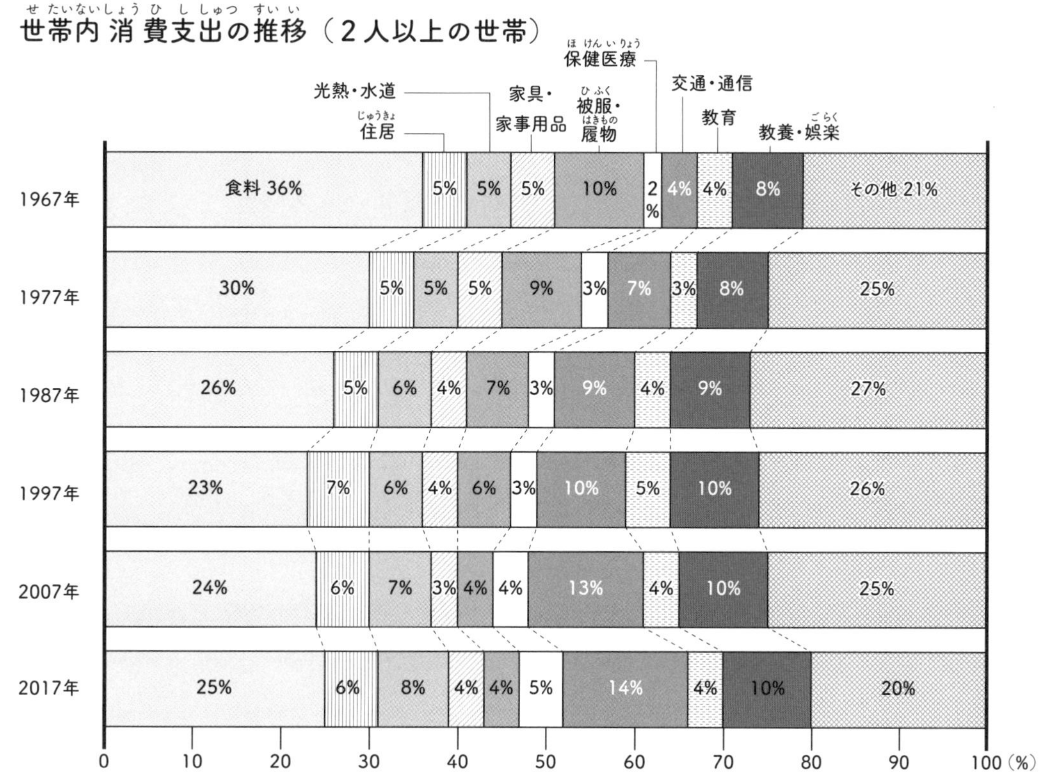

❶ 2017年における食費の割合は、2017年全体の何％ですか。　〔 25％ 〕

❷ 1967年から2017年までの変化の様子に関し、〔　　〕の正しい方に○を付けましょう。

被服・履物費の割合は〔増加・(減少)〕しており、保険医療費の割合は〔(増加)・減少〕している。

❸ 交通・通信費の割合は、2017年では1967年の何倍になっていますか。　〔 3.5倍 〕

▶❸交通・通信費は4％から14％に増えているので14÷4＝3.5倍です。

帯グラフは、年ごとの割合を並べて比べることで、長期的な変化の様子を見ることができます。このグラフのように項目の区切りを点線でつなぐと、変化が見やすくなるでしょう。

発展｜割合と値の大きさを同時に表すツリーマップ

円グラフや帯グラフは割合を表すのに便利ですが、表せるのは、ある集団の中での割合だけです。複数の集団について、割合と値の大きさを同時に表現できる**ツリーマップ**というグラフがあります。

ツリーマップは長方形の組み合わせです。下のグラフは、お年玉の使い道の問題（68ページ）を例に、ツリーマップを作ったものです。色でやまとさんとみさきさんを区別し、長方形の面積で値の大きさ（金額）を表しています。

やまとさんとみさきさんのお年玉の使い道

割合と値の大きさ（上では金額の大きさ）の両方を表現できる強みは、企業が商品が売れる仕組みを考えるとき（マーケティング）に役立ちます。30ページで出てきたケーキのデータをツリーマップにしてみましょう。

カフェA店とB店のケーキの販売数

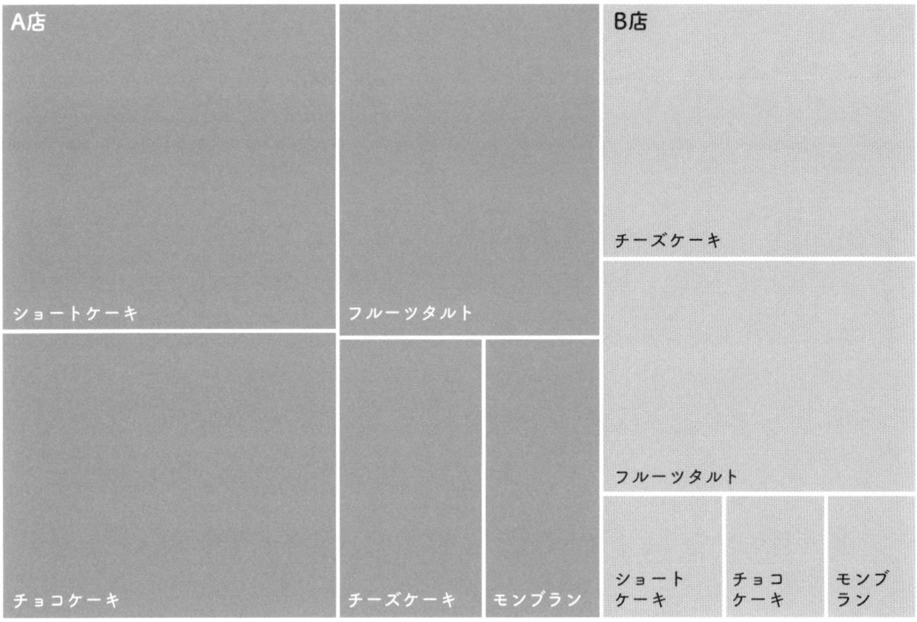

A店
ショートケーキ
フルーツタルト
チョコケーキ
チーズケーキ
モンブラン
B店
チーズケーキ
フルーツタルト
ショート
ケーキ
チョコ
ケーキ
モンブ
ラン

このツリーマップは、2つのカフェでの、各ケーキの販売数を表しています。売り上げの大部分を占めるケーキは、A店ではショートケーキ、チョコケーキ、フルーツタルトであり、B店ではチーズケーキとフルーツタルトであることがぱっと見て分かります。

割合と値の大きさの両方を表現できることで、より多くの事実が見えてきます。

・店舗ごとの売り上げはA店の方がはるかに大きい。
・ショートケーキとチョコケーキの売り上げはA店が大部分を占めている。
・チーズケーキはB店の方が売れる。
・フルーツタルトは両店舗でよく売れる。

目的や言いたいことを表すには、どのグラフを選ぶと一番分かりやすいのかを考えることが大切です。

ツリーマップは日本ではこれまであまり見られませんでしたが、最近では、経済産業省・内閣官房による地域経済分析システム（RESAS：リーサス）で積極的に使用されるなど注目が集まってきているグラフです。

意識調査に役立つ！

10 やってみようPPDAC プラスチックごみを考える

使う時間 50分くらい

月　日

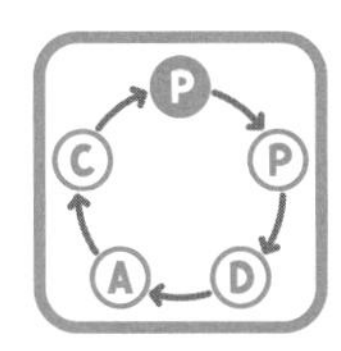

Problem（問題を設定する）
解決すべきことや、興味・関心、
決める必要があることから、「問い」を決める

人がプラスチックごみを捨てた後、それが海に流れ込み、海の生物に悪影響を与えています。このままでは、2050年には海洋中のプラスチックの量が魚の量以上まで増加する※と言われているほどです。

※参考：世界経済フォーラム2016報告書

このことにショックを受けたひなたさんは、自分たちは海洋プラスチックごみの問題に対して何ができるのか、興味をもちました。

興味があること「海洋プラスチックごみの問題に対して何ができるのか」

↓興味があることから問いを決める

問い「クラスで海洋プラスチックごみの問題について知っている人はどのくらいいるのか。何か行動している人はどのくらいいるのか。」

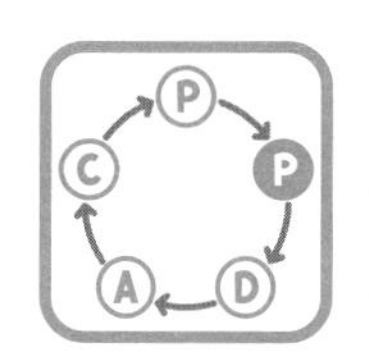

Plan（計画する）
①調べる項目を決める。
②データの集め方を考える。

①調べる項目は「**海洋プラスチックごみの問題を知っているか**」「**プラスチックごみ削減につながる行動を何かしているか**」「**その行動は何か**」の３つにしました。

②データの集め方は、先生に相談してアンケートをとることにしました。以下が作成したアンケートです。

海洋プラスチックごみについてのアンケート

６年生のみなさん、こんにちは。
わたしは、６年２組の酒井ひなたです。
今、海洋プラスチックごみについて調べています。
以下のアンケートにご協力ください。よろしくお願いいたします。

【Q1】海洋プラスチックごみの問題を知っていましたか？
（当てはまる□どれかにチェックをしてください）
□はい　□いいえ

【Q2】海洋プラスチックごみ削減につながる行動を何かしていますか？
（当てはまる□どれかにチェックをしてください）
□よくしている　□少ししている
□あまりしていない　□全くしていない

【Q3】プラスチックごみ削減につながる行動で、していることは何ですか。
（複数回答可：当てはまる□すべてにチェックをしてください）
□エコバッグを使う
□マイボトルを使う
□プラスチックのストローを使わない
□リサイクルのためにごみを分別する
□ビーチクリーンに参加する
□その他
［　　　　　　　　　　　　　　　　］

ご協力ありがとうございました。

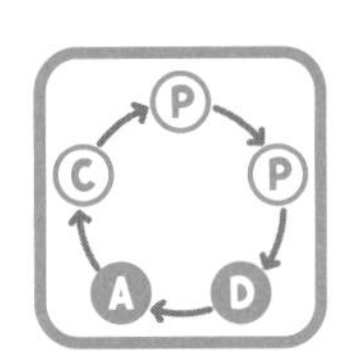

Data（データを集めて整理する）
データを集めて、目的に合った情報を選び、整理する。

&

Analysis（分析する）
データを表やグラフにする。どんな様子や傾向があるか考える。

やってみよう1

円グラフを描こう。

下の表はアンケートQ1、Q2に対する回答を集計したものです。

Q1「海洋プラスチックごみの問題を知っているか」

	人数（人）	割合
知っていた	73	67%
知らなかった	36	33%
合計	109	100%

Q2「プラスチックごみ削減につながる行動を何かしているか」

	人数（人）	割合
よくしている	10	9%
少ししている	39	36%
あまりしていない	43	39%
全くしていない	17	16%
合計	109	100%

❶ 表をもとに、円グラフを完成させましょう。

グラフ1「海洋プラスチックごみの問題を知っているか」

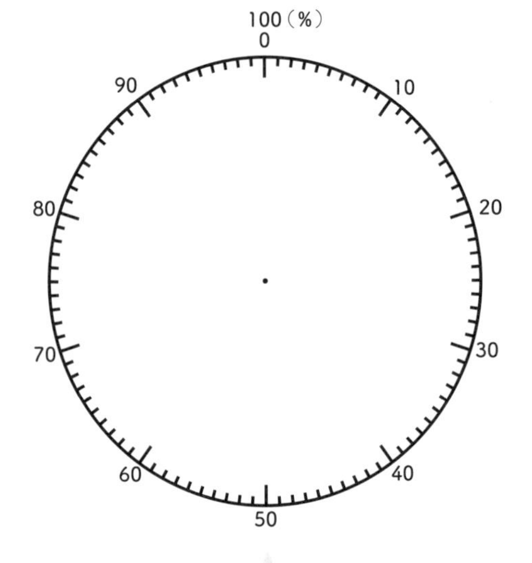

「知っていた」から区切っていこう

グラフ2「プラスチックごみ削減につながる行動を何かしているか」

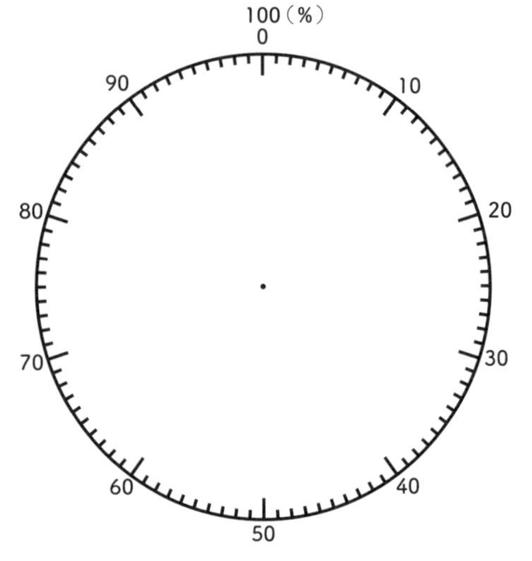

「よくしている」から区切っていこう

② グラフ２で「よくしている」と「少ししている」を足した割合と、「あまりしていない」と「全くしていない」を足した割合はそれぞれ何％ですか。

	割合
よくしている・少ししている	%
あまりしていない・全くしていない	%

解答は85ページ

やってみよう2

帯グラフを描（か）こう。

下の表はアンケートQ2への回答を、海洋プラスチックごみの問題を「知っていた人」と「知らなかった人」に分けたものです。

海洋プラスチックごみの問題を「知っていた人」と「知らなかった人」で分けたQ2回答内容

	知っていた人		知らなかった人	
	人数（人）	割合	人数（人）	割合
よくしている	10	14%	0	0%
少ししている	36	49%	3	8%
あまりしていない	15	21%	28	78%
全くしていない	12	16%	5	14%
合計	73	100%	36	100%

① 表をもとに、帯グラフを完成させましょう。

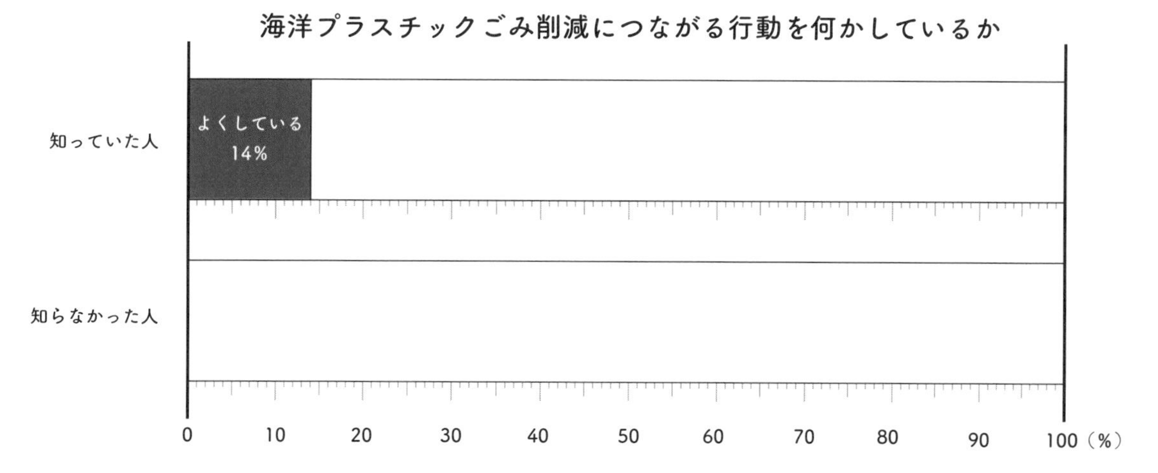

2 「よくしている」と「少ししている」を足した割合と、「あまりしていない」と「全くしていない」を足した割合はそれぞれ何％ですか。

	知っていた人	知らなかった人
よくしている・少ししている	％	％
あまりしていない・全くしていない	％	％

解答は86ページ

やってみよう3

棒グラフを描いて、読み取ろう。

下の表はアンケートQ3への回答を集計したものです。

Q3「プラスチックごみ削減につながる行動でしていることは何か」（複数回答可）

	回答数
エコバッグを使う	37
マイボトルを使う	8
プラスチックのストローを使わない	5
リサイクルのためにごみを分別する	42
ビーチクリーンに参加する	4
その他	2
合計	98

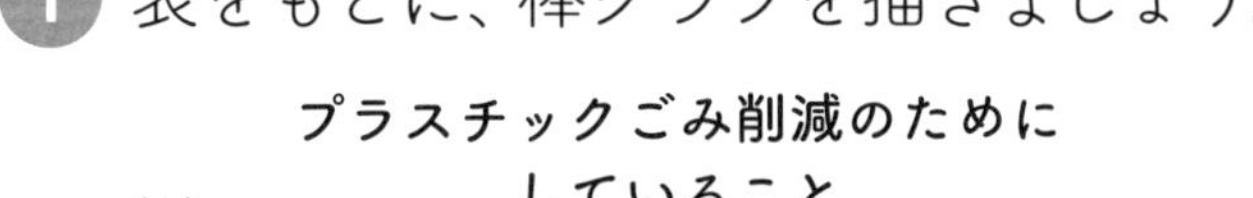

1 表をもとに、棒グラフを描きましょう。

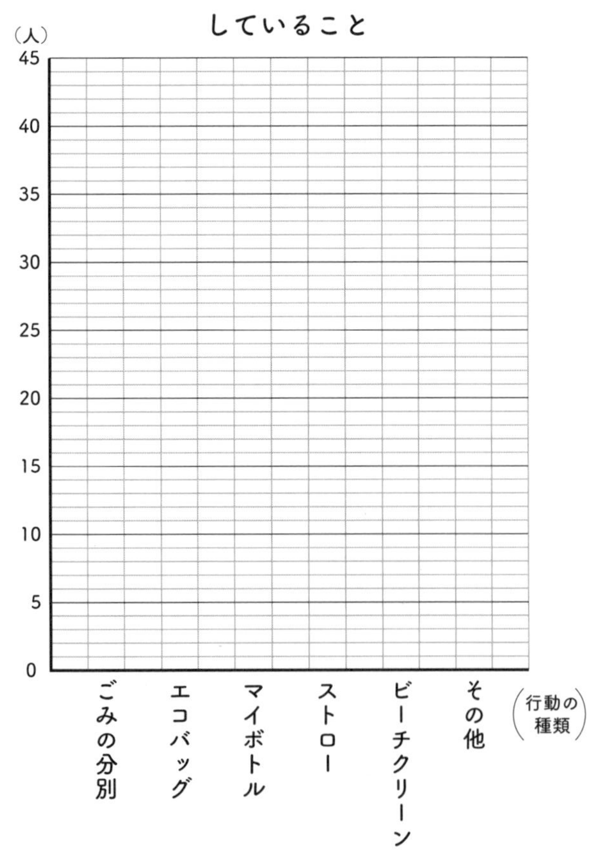

❷ 上位２項目(こうもく)の合計回答数は、全回答数の何％になりますか。小数第一位を四捨五入(ししゃごにゅう)して答えましょう。 〔　　　　〕

解答は87ページ ☞

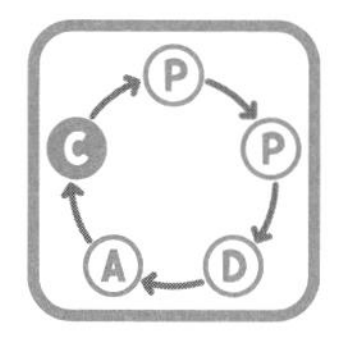

Conclusion(コンクルージョン)（結論(けつろん)を出す）
表やグラフを使って
調べた結果をまとめて伝える。

やってみよう４

分かったことをまとめよう。

❶ 問いについて調べて分かったことをまとめます。以下の空欄(くうらん)を埋(う)めましょう。

・６年生全体で海洋プラスチックごみの問題について知っていた人は〔　　〕%、知らなかった人は〔　　〕%で、知っていた人が全体の半数を超えていた。

・６年生全体でプラスチックごみ削減(さくげん)につながる行動を「よくしている・少ししている」人の割合(わりあい)は〔　　〕%、「あまりしていない・全くしていない」人の割合(わりあい)は〔　　〕%だった。プラスチックごみ削減のために意識的(いしきてき)に行動している人は、全体の半数より少なかったと言える。

次のページへつづく☞

・プラスチックごみ削減につながる行動を「よくしている・少ししている」人の割合は、海洋プラスチックごみの問題を知っていた人の中では〔　　〕%で、知らなかった人の中での〔　　〕%よりも割合が高かった。

・プラスチックごみ削減につながる行動で実践されていることは、〔　　　　　　　　〕と〔　　　　　　　　〕が多く、全体の80%を占めていた。

2 調べて分かったことを踏まえて、あなたならプラスチックごみ削減のためにどんな活動ができそうですか。

〔　　　　　　　　　　　　　　　　　　　　　　　　　　　　〕

解答は88ページ

80ページ
やってみよう1 円グラフを描こう。

Q1「海洋プラスチックごみの問題を知っているか」

	人数（人）	割合
知っていた	73	67%
知らなかった	36	33%
合計	109	100%

Q2「プラスチックごみ削減につながる行動を何かしているか」

	人数（人）	割合
よくしている	10	9%
少ししている	39	36%
あまりしていない	43	39%
全くしていない	17	16%
合計	109	100%

❶ 表をもとに、円グラフを完成させましょう。

グラフ1「海洋プラスチックごみの問題を知っているか」

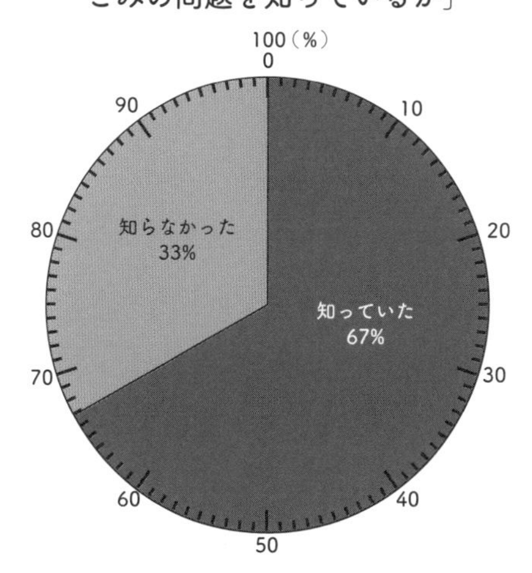

グラフ2「プラスチックごみ削減につながる行動を何かしているか」

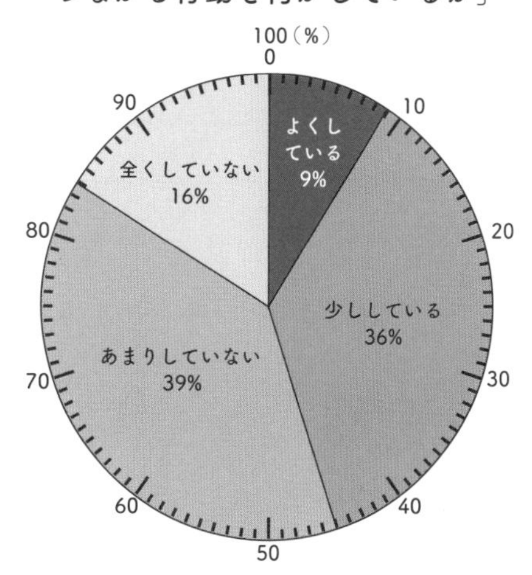

❷ グラフ2で「よくしている」と「少ししている」を足した割合と、「あまりしていない」と「全くしていない」を足した割合はそれぞれ何%ですか。

	割合
よくしている・少ししている	45%
あまりしていない・全くしていない	55%

▶❶円グラフは割合の大きい順に項目を区切るのが基本ですが、今回のアンケートでは「よくしている」「少ししている」「あまりしていない」「全くしていない」のように頻度（頻繁さの程度）を聞いているので、その順番で円グラ

フを区切ります。すると、「よくしている」と「少ししている」を合わせても２分の１を超えない、などの情報が見やすくなります。

❷「よくしている」と「少ししている」を足すと9＋36＝45％、「あまりしていない」と「全くしていない」を足すと39＋16＝55％。意味が近い項目や、順序性がある項目をどこかで区切ってまとめることで、分析しやすくなることがあります。

81ページ

やってみよう2 帯グラフを描こう。

海洋プラスチックごみの問題を「知っていた人」と「知らなかった人」で分けたQ2回答内容

	知っていた人		知らなかった人	
	人数（人）	割合	人数（人）	割合
よくしている	10	14%	0	0%
少ししている	36	49%	3	8%
あまりしていない	15	21%	28	78%
全くしていない	12	16%	5	14%
合計	73	100%	36	100%

❶ 表をもとに、帯グラフを完成させましょう。

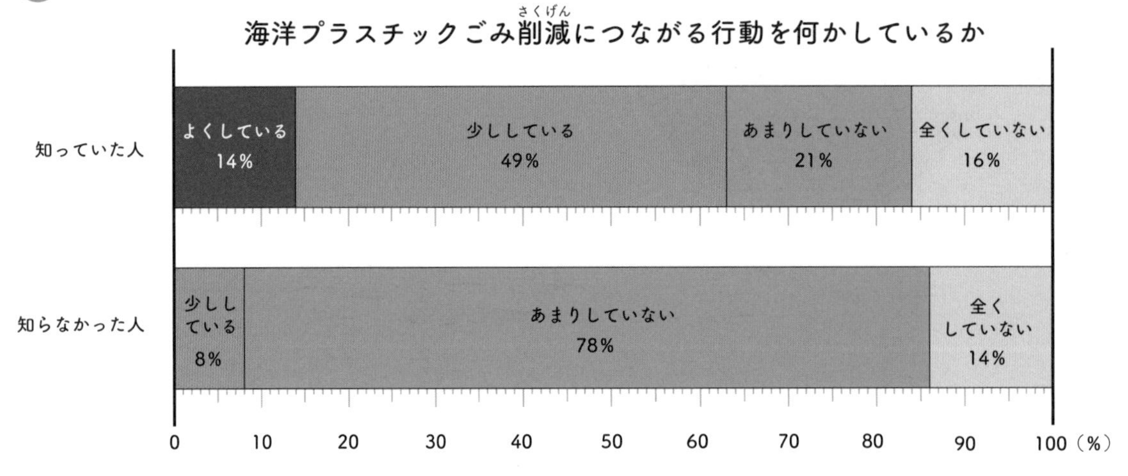

❷「よくしている」と「少ししている」を足した割合と、「あまりしていない」と「全くしていない」を足した割合はそれぞれ何％ですか。

	知っていた人	知らなかった人
よくしている・少ししている	63%	8%
あまりしていない・全くしていない	37%	92%

▶❶割合の大きい順ではなく、表の頻度の順番で左から帯グラフを埋めます。海洋プラスチックごみの問題を知っていた人と知らなかった人では、プラスチックごみ削減のために何かしている人の割合が違うことが分かります。
❷「よくしている」「少ししている」を「行動している人」としてまとめ、「あまりしていない」「全くしていない」を「行動していない人」としてまとめると、特徴が分かりやすくなります。「よくしている」「少ししている」と答えた人は、海洋プラスチックごみの問題を知っていた人の中では63%でしたが、知らなかった人の中では８％と少ないことが分かります。

82ページ

やってみよう3 棒グラフを描いて、読み取ろう。

Q3「プラスチックごみ削減につながる行動でしていることは何か」（複数回答可）

	回答数
エコバッグを使う	37
マイボトルを使う	8
プラスチックのストローを使わない	5
リサイクルのためにごみを分別する	42
ビーチクリーンに参加する	4
その他	2
合計	98

❶ 表をもとに、棒グラフを描きましょう。

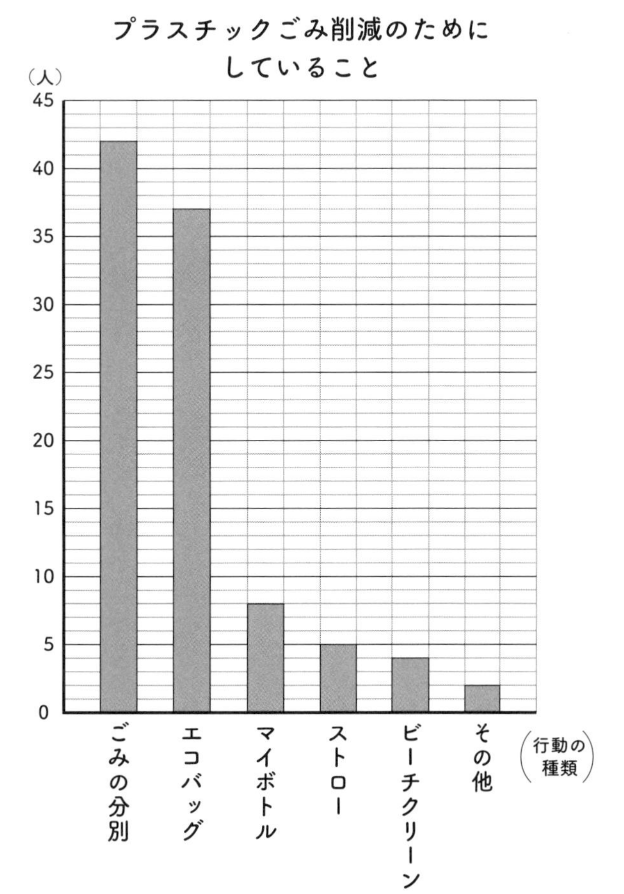

❷ 上位２項目(こうもく)の合計回答数は、全回答数の何％になりますか。小数第一位を四捨五入(ししゃごにゅう)して答えましょう。

〔　81％　〕

▶❷上位２項目(こうもく)の回答数を全回答数で割ると（42＋37）÷（37＋8＋5＋42＋4＋2）＝0.806…です。100をかけて80.6...％になりますが、少数第一位を四捨五入して81％と答えます。プラスチックごみ削減(さくげん)のためにしている行動は、「ごみの分別」「エコバッグを使う」で８割を占(し)めていました。

83ページ

やってみよう4　分かったことをまとめよう。

❶ 問いについて調べて分かったことをまとめます。以下の空欄(くうらん)を埋(う)めましょう。

・６年生全体で海洋プラスチックごみの問題について知っていた人は〔67〕％、知らなかった人は〔33〕％で、知っていた人が全体の半数を超えていた。

・６年生全体でプラスチックごみ削減(さくげん)につながる行動を「よくしている・少ししている」人の割合(わりあい)は〔45〕％、「あまりしていない・全くしていない」人の割合は〔55〕％だった。プラスチックごみ削減のために意識的(いしきてき)に行動している人は、全体の半数より少なかったと言える。

・プラスチックごみ削減につながる行動を「よくしている・少ししている」人の割合は、海洋プラスチックごみの問題を知っていた人の中では〔63〕％で、知らなかった人の中での〔 8 〕％よりも割合が高い。

・プラスチックごみ削減につながる行動で実践されていることは、〔　ごみの分別　〕と〔エコバッグを使う〕が多く、全体の80％を占めていた。

❷ 調べて分かったことを踏まえて、あなたならプラスチックごみ削減のためにどんな活動ができそうですか。

〔解答例〕
・海洋プラスチックごみの悪影響について書いたポスターをクラスに貼って、みんなに見てもらう。

▶今回のアンケートでは、海洋プラスチックごみの問題について「知っていたか」「行動しているか」「行動は何か」の３つを調べています。まずは、「知っていたか」について円グラフに整理し、次に、帯グラフで知っている人と知らない人に分けて「行動しているか」の結果を見ることで、「知っていたか」と「行動しているか」の関係を見ています。そして、「行動は何か」を棒グラフで整理して、多い行動を分かりやすくしています。
❷答えは１つではありません。解答例は❶で分かった「知っていた人に行動している人が多い」という結果から、「行動する人を増やすには知っている人を増やすのがよい」と考えた例です。その他には、「多くの人が実践していて生活に取り入れやすそうな、ごみの分別やエコバッグの使用について呼びかける」、「実際の海の状況を知るためにビーチクリーンに参加する」など、今回の調査を生かして活動を考えられていたら正解です。分析で分かったことをまとめて、はじめに興味をもった（問題意識）に対して解決策を考えることが重要です。

データから日本を見る

11 やってみようPPDAC 日本の食料自給率

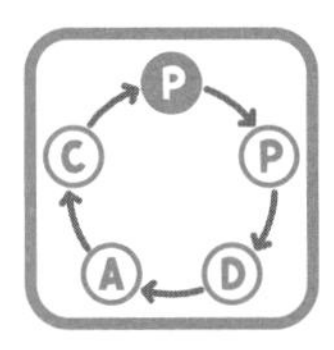

Problem（問題を設定する）
解決すべきことや、興味・関心、
決める必要があることから、「問い」を決める。

やってみよう1

公的な統計を読み取って、自分の疑問を見つけよう。

ふうまさんは、社会で食料自給率※について学びました。以下は、各国の食料自給率を比べた棒グラフと、日本での品目別食料自給率の移り変わりを表した折れ線グラフです。

※国内で食べられる食品のうち、国産の食品が占める割合を表す指標

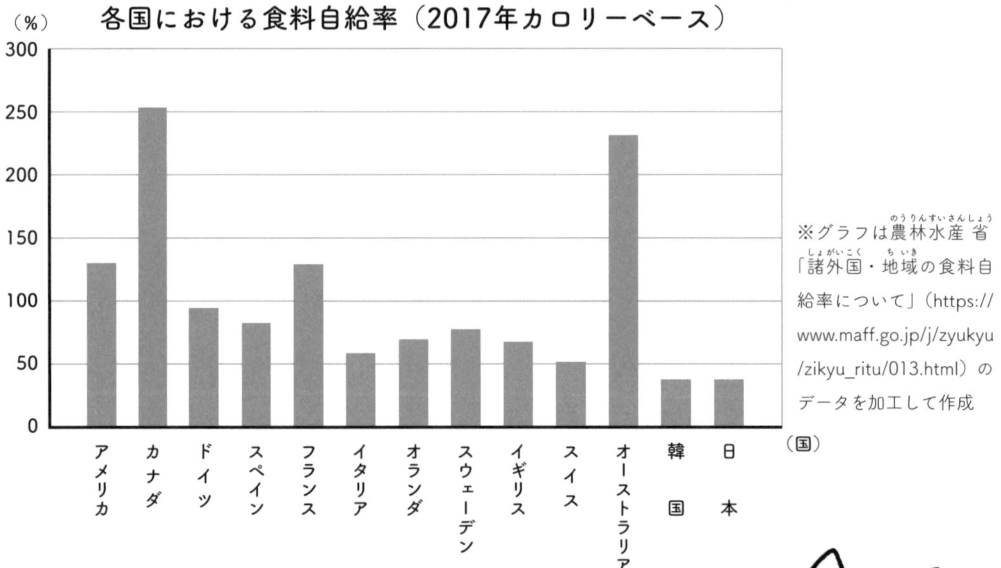

※グラフは農林水産省「諸外国・地域の食料自給率について」（https://www.maff.go.jp/j/zyukyu/zikyu_ritu/013.html）のデータを加工して作成

例えばカナダは食料自給率が250%を超えていますが、「だいたい自国の食料は自分たちで調達できているうえに、輸出も多い」と考えられます。

1 2017年度の食料自給率が100%を超えている国を全て答えましょう。

[　　　　　　　　　　]

2 2017年度の食料自給率が50%に満たない国を全て答えましょう。

[　　　　　　　　　　]

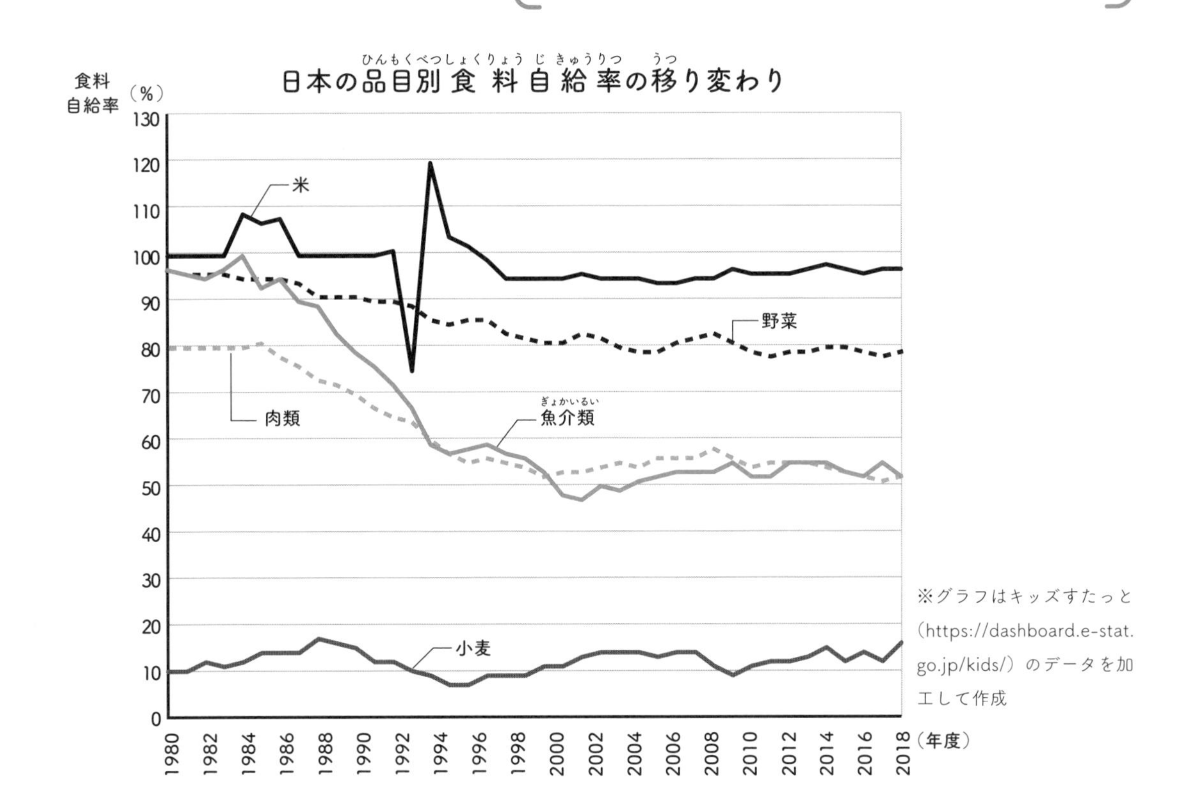

※グラフはキッズすたっと（https://dashboard.e-stat.go.jp/kids/）のデータを加工して作成

3 1980年と比べて2018年時点で最も大きく食料自給率が低下した品目は何ですか。

[　　　　　　　　　　]

4 食料自給率が低いとどんなリスクがあるか考えてみましょう。

ヒント：食料自給率が低いということは、輸入にたよっている食料が多いということです。

解答は97ページ

ふうまさんの住む町には、活気のある港があります。

お父さんも漁師をしており、魚介類の食料自給率が低くなっていることが気になりました。

興味があること「魚介類の食料自給率が低くなってきているのはなぜだろう」

↓興味があることから問いを決める

問い「日本で魚がとれる量と漁業で働く人の数は減っているのか」

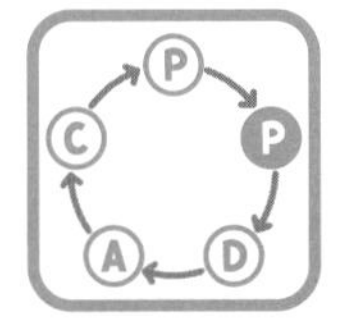

Plan（計画する）

①調べる項目を決める。

②データの集め方を考える。

①調べる項目は「**日本の漁獲量**」と「**日本の漁業就業者数**」にしました。

②公的な統計を総務省統計局のサイト

「**キッズすたっと**」を使って調べます。

「キッズすたっと」って何？

自分の住んでいる地域や、小学校の授業に出てくるキーワードなどから統計データを探すことができる検索サイトです。ぜひ、学校の授業や自由研究で統計を調べたいときに使ってみてください。

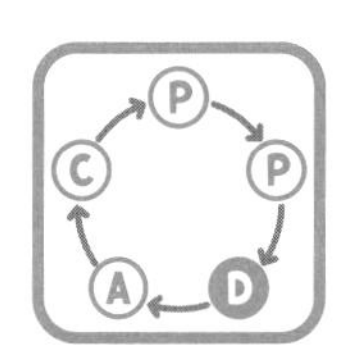

Data（データを集めて整理する）
データを集めて、目的に合った
情報を選び、整理する。

このQRコードを
読み取ると、
キッズすたっとに
アクセスできます。

やってみよう2

「キッズすたっと」を使って、公的な統計を調べよう。

日本の漁獲量と漁業就業者数を以下の手順で調べましょう。

① 「キッズすたっと」を検索

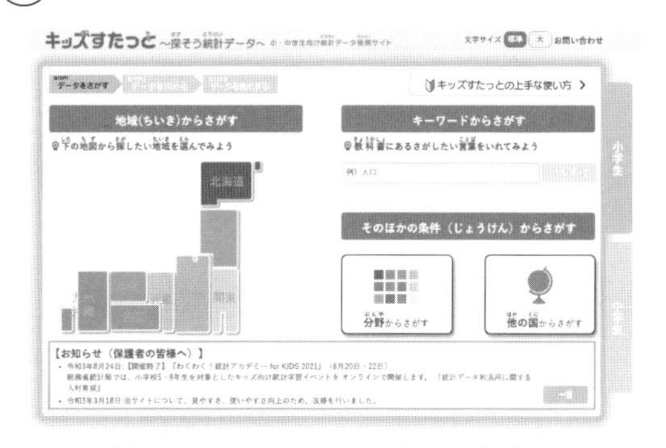

② 「分野からさがす」

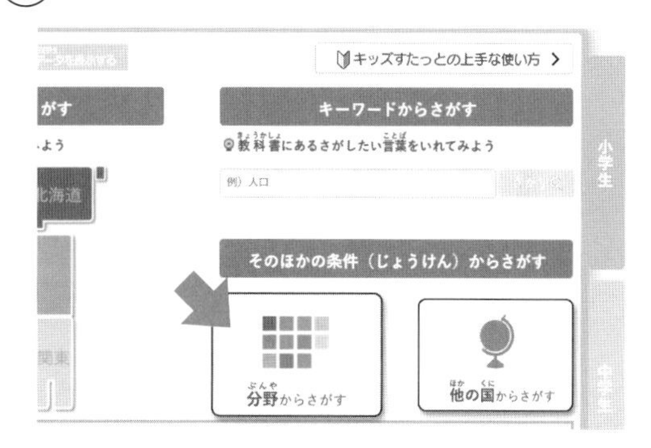

③ 「農林水産業」→「水産業」→
「選んだ小分類で表示する」

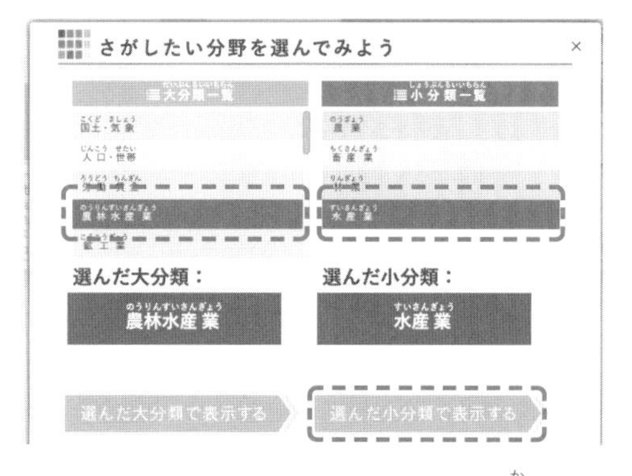

④ 「漁獲量」「漁業就業者数」→
「データを表示する」

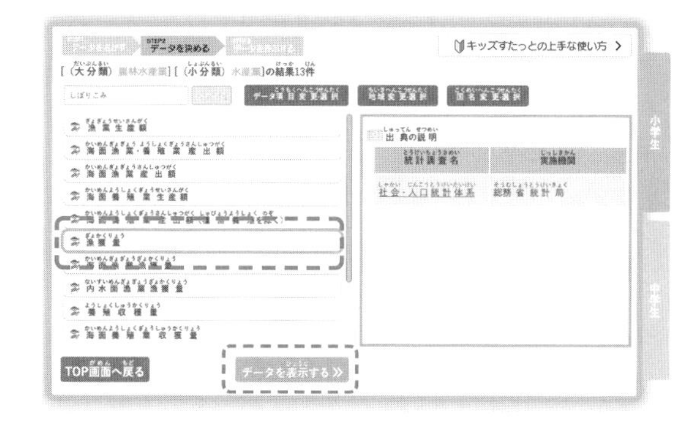

⑤ 表からグラフに表示を切り替えたり、データの期間を変更したりできます。

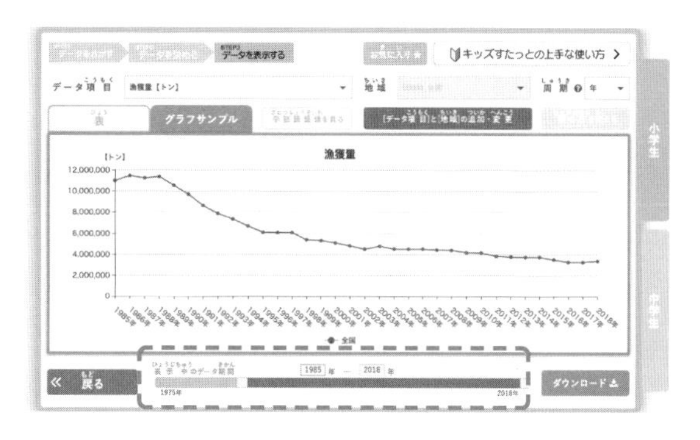

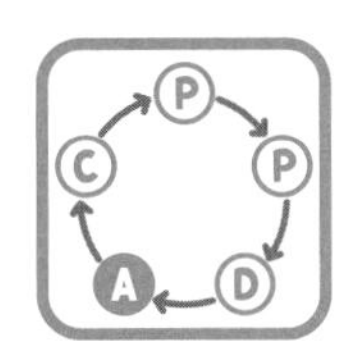

Analysis（分析する）
データを表やグラフにする。
どんな様子や傾向があるか考える。

「表示中のデータ期間」の期間を1975年～2018年に広げて、グラフを見てみましょう。

日本の漁獲量の移り変わり

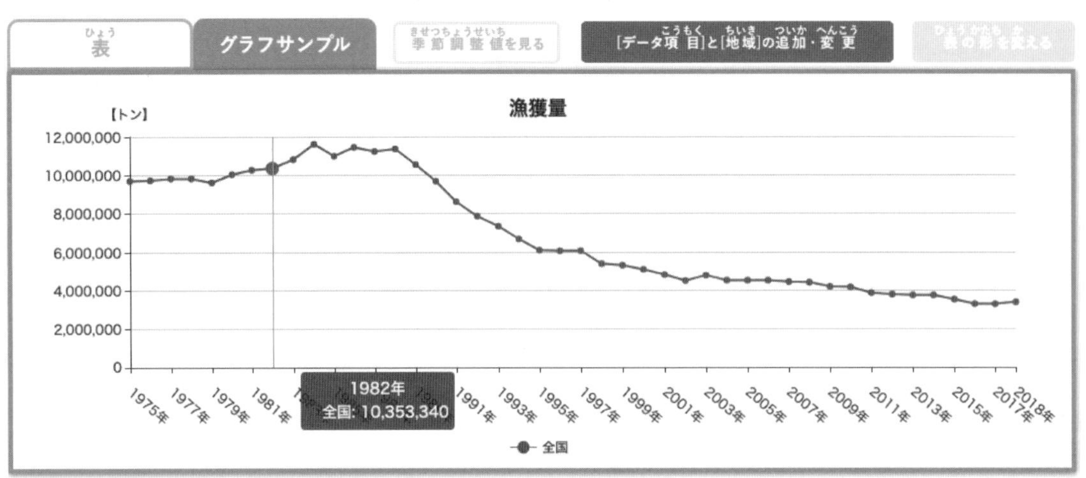

日本の漁業就業者数の移り変わり

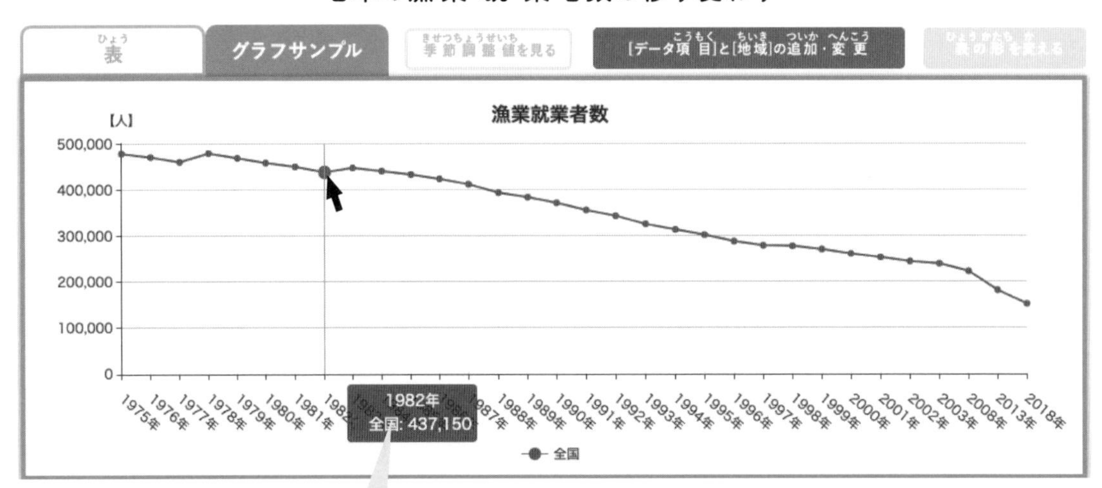

出典：キッズすたっと（https://dashboard.e-stat.go.jp/kids/）

折れ線グラフの点の部分にカーソルを合わせると、数値が表示されます。

やってみよう3

キッズすたっとを使ってグラフを読み取ろう。

1 適した言葉に○を付けしょう。

漁獲量は1984 ～ 1988年で高い数値にあるが、その後、長期的に［増加・減少］している。漁業就業者数は長期的に［増加・減少］している。

2 1980年と2018年の漁業就業者数は何人ですか。

［1980年：　　人　2018年：　　人］

1980年の漁業就業者数は2018年の約何倍ですか。

［　　］

3 漁獲量が特に急激に減少しているのはどの期間ですか。

［　　］

その期間、91ページにある食料自給率の魚介類のグラフでは、どんな特徴が読み取れますか。

［　　］

解答は98ページ

漁獲量、漁業就業者数に関しては、政府統計の総合窓口（e-Stat）（https://www.e-stat.go.jp/）の「社会・人口統計体系」（https://www.e-stat.go.jp/regional-statistics/ssdsview）からも参照できます。

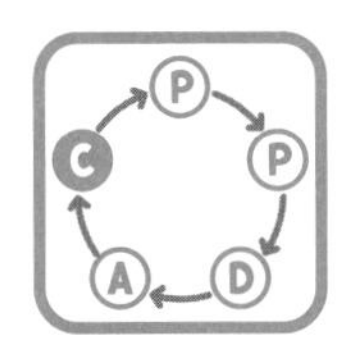

Conclusion（結論を出す）

表やグラフを使って
調べた結果をまとめて伝えよう。

やってみよう4

分かったことをまとめよう。

1 問いについて調べて分かったことをまとめます。

『日本の漁獲量と漁業就業者数は、長期的に見て〔 増加・減少 〕している。特に漁獲量は〔　　～　　〕年の間に急激に減少しており、その時期は魚介類の食料自給率が大きく低下した時期とおおよそ重なっている。漁業就業者数は、1980年から2018年にかけて約〔　　〕分の１に減っている。』

2 魚介類の食料自給率を高める対策として、個人で何ができるか考えて書きましょう。

〔　　〕

解答は99ページ

90ページ
やってみよう1 公的な統計を読み取って、自分の疑問を見つけよう。

❶ 2017年度の食料自給率が100%を超えている国を全て答えましょう。

〔 アメリカ、カナダ、フランス、オーストリア 〕

❷ 2017年度の食料自給率が50%に満たない国を全て答えましょう。

〔 韓国、日本 〕

❸ 1980年と比べて2018年時点で最も大きく食料自給率が低下した品目は何ですか。

〔 魚介類 〕

❹ 食料自給率が低いとどんなリスクがあるか考えてみましょう。

〔解答例〕
世界で食料が足りなくなったときに、必要な量が輸入できず、食料を確保できなくなるリスクがある。

▶❶食料自給率が100%を超えている国は、海外に食料をたくさん輸出している国です。
❷食料自給率が100%に満たない国は、足りない分の食料を海外からの輸入に頼っているという見方ができます。
❸食料自給率の低下の幅（高い所と低い所の差）、食料自給率の低下の急激さ（折れ線グラフの傾き）ともに魚介類の低下が大きいですね。米の食料自給率は1990年前半に急激に落ちていますが、その後すぐに回復していています。
❹世界で食料が足りなくなると、どの国もまずは自国のための食料を確保するので、輸出を減らす可能性があります。食料を輸入にばかり頼っていると、外国の食料事情の影響を受けやすく、国内で必要な食料の供給が不安定になりやすいという側面があります。

95ページ

やってみよう3 キッズすたっとを使ってグラフを読み取ろう。

❶ 適した言葉に〇を付けましょう。

漁獲量は1984 ～ 1988年で高い数値にあるが、その後、長期的に〔増加・(減少)〕している。漁業就業者数は長期的に〔増加・(減少)〕している。

❷ 1980年と2018年の漁業就業者数は何人ですか。

〔1980年：457,370人　　2018年：151,701人〕

1980年の漁業就業者数は2018年の約何倍ですか。

〔約3倍〕

❸ 漁獲量が特に急激に減少しているのはどの期間ですか。

〔1988年～ 1995年〕

その期間、91ページにある食料自給率の魚介類のグラフでは、どんな特徴が読み取れますか。

〔魚介類の食料自給率が大きく低下している。〕

▶❶漁業就業者はずっと減少していますが、漁獲量は1980年代に一旦増加しています。このころには、漁業就業者1人あたりの漁獲量が増えたことを示しています。
❷折れ線グラフの上にカーソルを当てると、実際の数値が表示されます。もしくは、表に切り替えると数値が表示されます。457,370÷151,701＝3,01... で、1980年には2018年の約3倍の漁業就業者がいたことになります。
❸漁獲量のグラフを見ると、1988年～ 1995年で最も折れ線グラフの傾きが急で、急激に漁獲量が減少していることが分かります。同様に91ページの日

本の品目別食料自給率の移り変わりのグラフを見ると、1980年代後半から1990年中盤に向けて、大きく食料自給率が低下しています。

96ページ

やってみよう4 分かったことをまとめよう。

❶ 問いについて調べて分かったことをまとめます。

『日本の漁獲量と漁業就業者数は、長期的に見て［増加・減少］している。特に漁獲量は［1988～1995］年の間に急激に減少しており、その時期は魚介類の食料自給率が大きく低下した時期とおおよそ重なっている。漁業就業者数は、1980年から2018年にかけて約［3］分の1に減っている。』

❷ 魚介類の食料自給率を高める対策として、個人で何ができるか考えて書きましょう。

〔解答例〕

・漁獲量と漁業就業者数を減らさないために、日本の魚介類をたくさん食べる。

・地元でとれる魚介類を日々の食事に使う。

▶❶複数のグラフを合わせて読み取るときには、軸の目盛りに気をつけて見比べる必要があります。特に今回は、キッズすたっとで調べた2つのグラフと、問いを決める前に見ていた食料自給率のグラフを比べているので、横軸の目盛りに注意しましょう。

❷答えは1つではありません。漁獲量と漁業就業者数が減っていることに対して、個人単位でも行動を起こすことが課題解決につながります。意識して国内

産の魚介類を選ぶことで、日本の魚介類の人気が上がり、漁業就業者を応援することができます。他にも、「食べ残しを減らす。」などのできることが考えられるかもしれません。食品のむだを減らすことは、食料の輸入を少なくすることにつながります。

まめ知識

グラフの目盛りに注意

「漁業就業者数のグラフ」（94ページ）では、2008～2018年でこれまでより急激に漁業就業者数が減っているように見えます。ですが、これは2003年から横軸の目盛りの単位が１年から５年に変わったためです。公的機関が行う調査は、調査のタイミングが途中で変わることがあるので注意が必要です。

日本の漁業就業者数の移り変わり

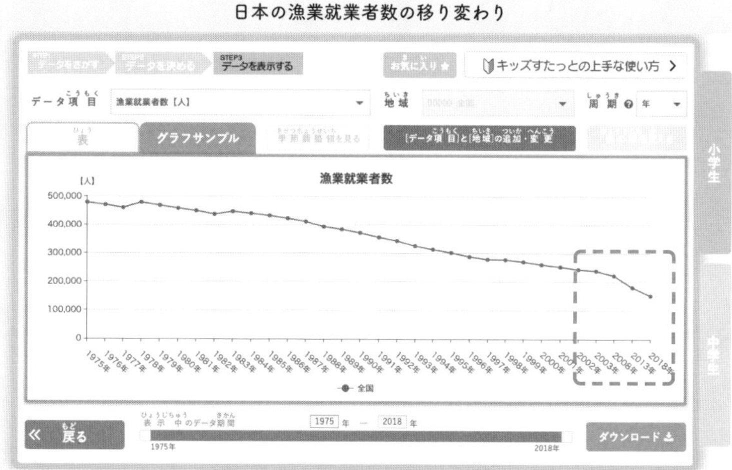

出典：キッズすたっと（https://dashboard.e-stat.go.jp/kids/）

漁業就業者数のグラフの2003年以降の横軸の目盛りを、それ以前に合わせて修正すると、下のグラフのようになります。修正前のような急激さはなくなりましたね。グラフに騙されないように、目盛りに気を付けてグラフを読み取りましょう。

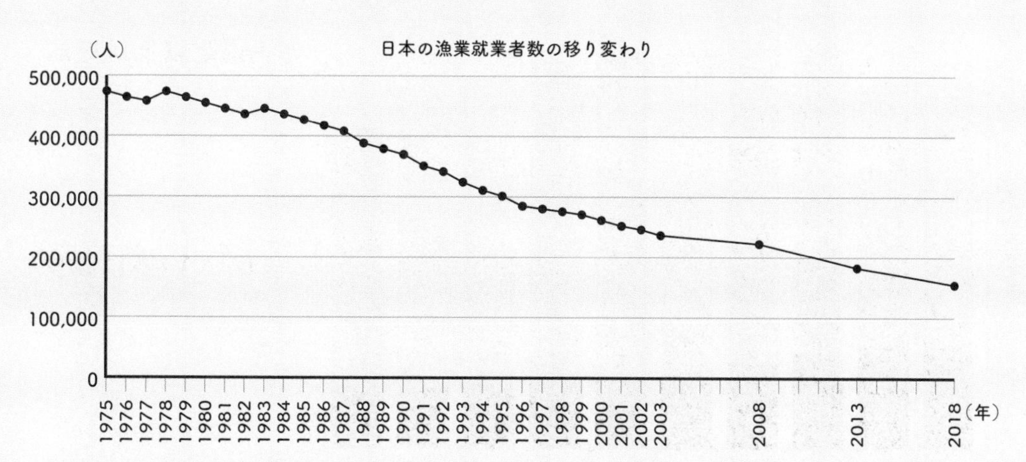

数字で見ると発見がある

12 やってみようPPDAC わたしのふるさと調べ

使う時間 50分くらい

月　日

「キッズすたっと」（使い方は93ページ参照）を使って、自分が住む地域や、興味がある都市について調べてみましょう。

やってみよう1

自分が住む都道府県の人口について調べよう。

下のグラフは、日本全体の人口の移り変わりを表したものです。

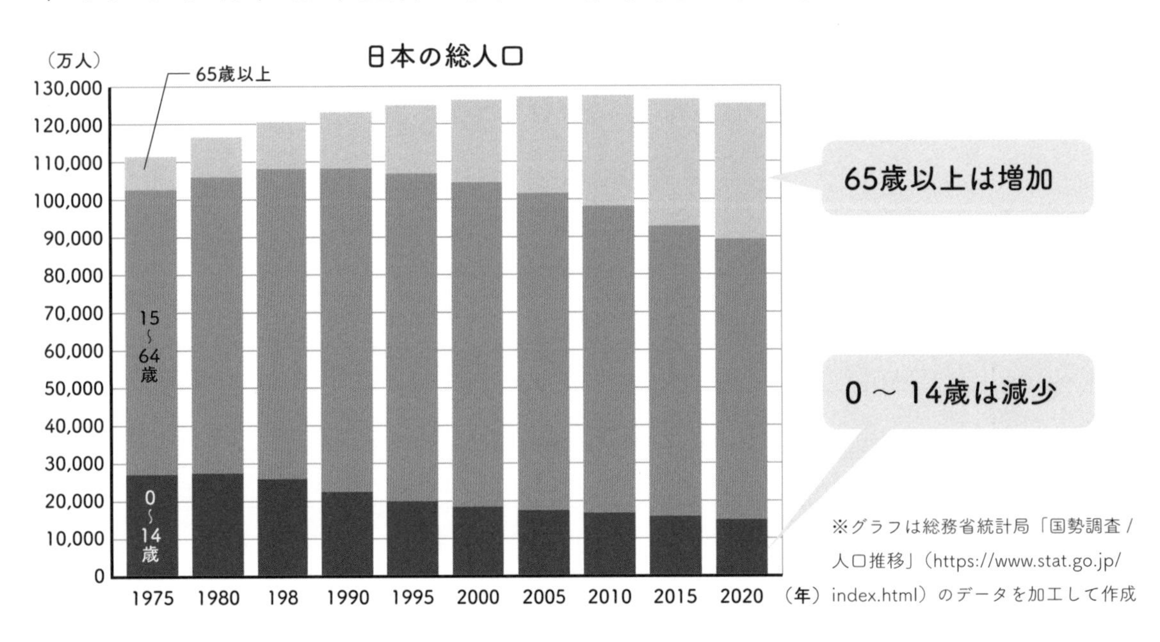

※グラフは総務省統計局「国勢調査／人口推移」（https://www.stat.go.jp/index.html）のデータを加工して作成

日本全体の人口（３色合わせた棒の高さ）は、2010年頃に向かって増え、その後は減っています。

東京都を例に、「キッズすたっと」で都道府県単位の人口の移り変わりを調べましょう。東京都の総人口を、年齢３区分「0～14歳」「15～64歳」「65歳以上」に分けて調べます。

1 1985年、2000年、2015年の「年齢３区分別人口」を調べた表を完成させましょう。

東京都の年齢３区分別人口（単位：人）

年＼区分	0～14歳	15～64歳	65歳以上	合計
1985年	2,125,337	8,638,299	1,055,850	11,819,486
2000年	1,420,919	8,685,878	1,910,456	12,017,253
2015年				

※年齢３区分の合計がキッズすたっとで調べた東京都の総人口と合わないのは、年齢が不明の人が足されているためです。

どちらも、計算機（電卓）を使ってかまいません。

2 年齢３区分別人口の割合を求めましょう。小数第一位を四捨五入して答えます。

東京都の年齢３区分別人口の割合

年＼区分	0～14歳	15～64歳	65歳以上	合計
1985年	18%	73%	9%	100%
2000年	12%	72%	16%	100%
2015年				100%

「キッズすたっと」使い方のヒント

①「キッズすたっと」の地図から自分の都道府県を選ぶ

②都道府県を選んだら、分野で絞り込む をクリック

③大分類一覧から「人口・世帯」を選び、
　小分類一覧から「人口」を選び、選んだ小分類で表示する をクリック。

④「総人口（0～14歳）」を選び、データを表示する をクリック

⑤必要なデータを書き留めたら、同様に「総人口（15～64歳）」「総人口（65歳以上）」も調べる

前のページで計算した割合(わりあい)を書き写しましょう。

東京都の年齢(ねんれい)3区分別人口の割合

区分 / 年	0～14歳	15～64歳	65歳以上	合計
1985年	18%	73%	9%	100%
2000年	12%	72%	16%	100%
2015年				100%

3 15年ごとの年齢3区分の割合を帯グラフに表しましょう。

・左から「0～14歳、15～64歳、65歳以上」の順で書く

・項目(こうもく)を色鉛筆(いろえんぴつ)で色分けすると見やすくなる

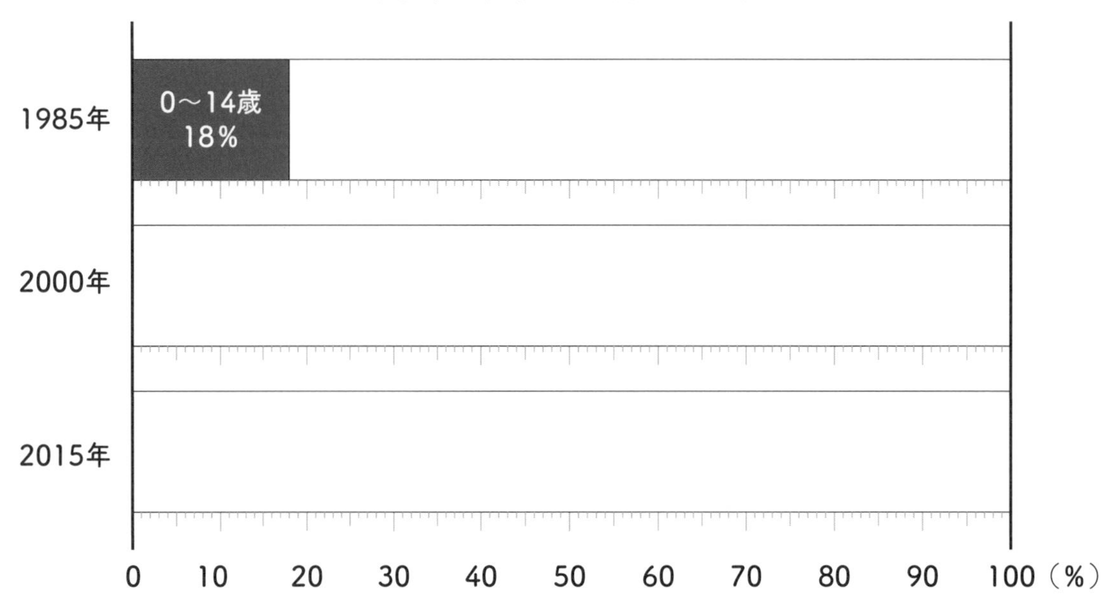

解答は108ページ

やってみよう2

自分が住む都道府県の農業について調べよう。

野菜やお米を生産する農家の数はどのように変化してきたのでしょうか。自分が住む都道府県の「農家数」の移(うつ)り変わりを調べましょう。以下では東京都を例にします。

1 表の空欄(くうらん)を埋(う)めて、表をもとに折れ線グラフを描(か)きましょう。

東京都の農家数

年／農家数	1990年	1995年	2000年	2005年	2010年	2015年
農家数（戸）	20,679	17,367	15,460	13,700	13,099	
上から2けたのがい数※	20,000	17,000	15,000	14,000	13,000	

※ おおよその数。1つの数値をある位までのがい数で表すには、そのすぐ下の位（右の位）の数字で四捨五入をして、おおよその数にする。

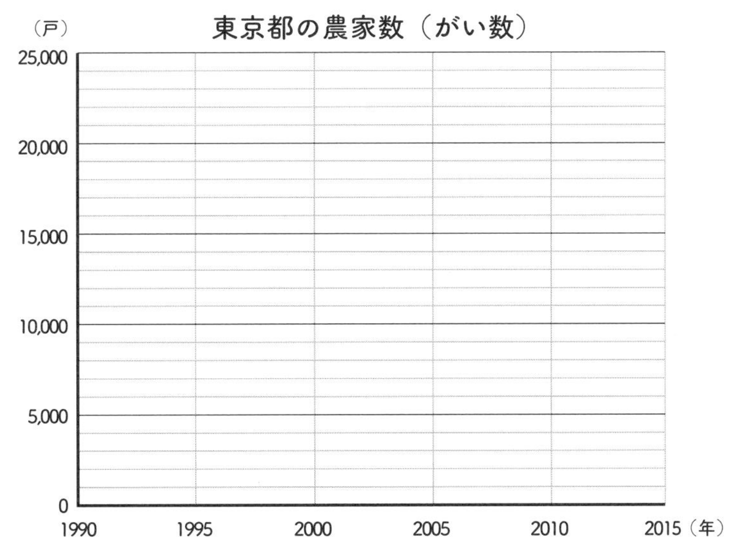

解答は110ページ

「キッズすたっと」使い方のヒント

①「キッズすたっと」の地図から自分の都道府県を選ぶ

②都道府県を選んだら、［分野で絞り込む］をクリック

③大分類一覧から「農林水産業」を選び、
　小分類一覧から「農業」を選び、［選んだ小分類で表示する］をクリック。

④「農家数」を選び、［データを表示する］をクリック

農家数に関しては、政府統計の総合窓口（e-Stat）（https://www.e-stat.go.jp/）の「社会・人口統計体系」（https://www.e-stat.go.jp/regional-statistics/ssdsview）からも参照できます。

やってみよう3

自分が住む都道府県の観光(かんこう)について調べよう。

自分が住む地域(ちいき)に観光で訪(おとず)れる人の数はどのように変化してきたのでしょうか。「延(の)べ宿泊者数(しゅくはくしゃすう)※1」と「延べ宿泊者数（外国人）」の8年間の移り変わりを調べましょう。以下では東京都を例にします。

1 下の表の空欄(くうらん)を埋(う)めましょう。

東京都の延べ宿泊者数（単位：人泊(にんぱく)※2）

区分／年	総数(そうすう)	外国人※3	外国人以外（総数－外国人）	上から2けたのがい数	
				外国人	外国人以外（総数－外国人）
2014年	54,258,780	13,195,260	41,063,520	13,000,000	41,000,000
2016年	57,514,950	18,059,960	39,454,990	18,000,000	39,000,000
2018年	66,109,060	23,194,530	42,914,530	23,000,000	43,000,000
2020年					

※1 宿泊した人の宿泊数の合計（例：３人で３泊したら延べ宿泊者数は９）。
※2 延べ宿泊者数の単位。宿泊人数×宿泊数。
※3 ここでは、日本国内に住居を有しない人を指す。

「キッズすたっと」使い方のヒント

①「キッズすたっと」の地図から自分の都道府県を選ぶ
②都道府県を選んだら、分野で絞り込む をクリック
③大分類一覧から「運輸・観光」を選び、小分類一覧から「観光」を選び、選んだ小分類で表示する をクリック
④「延べ宿泊者数（総数）」を選び、データを表示する をクリック
⑤周期を月から年に変える
⑥必要なデータを書き留(と)めたら、同様に「延べ宿泊者数（外国人）」も調べる

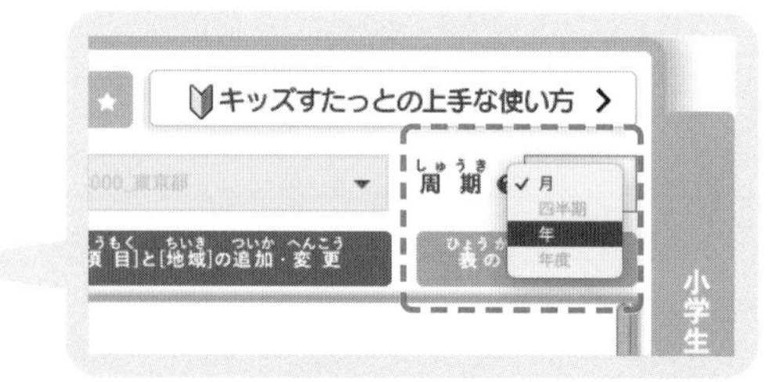

延べ宿泊者数に関しては、観光庁「宿泊旅行統計調査」（https://www.mlit.go.jp/kankocho/siryou/toukei/shukuhakutoukei.html）からも参照できます。

2 表をもとに、積み上げ棒グラフを描きましょう。「外国人のがい数」と、「総数－外国人のがい数」を使います。

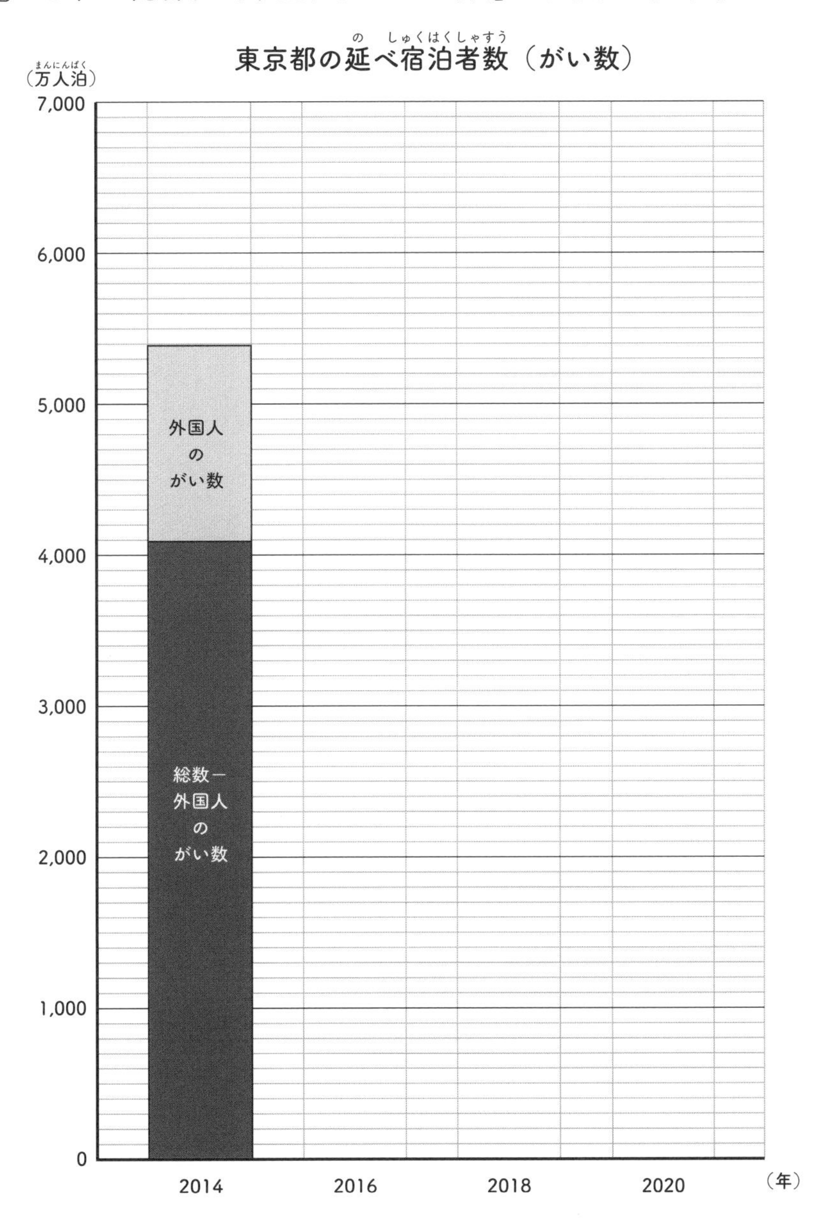

解答は111ページ

102ページ
やってみよう1 自分が住む都道府県の人口について調べよう。

❶ 1985年、2000年、2015年の「年齢3区分別人口」を調べた表を完成させましょう。

東京都の年齢3区分別人口（単位：人）

年＼区分	0〜14歳	15〜64歳	65歳以上	合計
1985年	2,125,337	8,638,299	1,055,850	11,819,486
2000年	1,420,919	8,685,878	1,910,456	12,017,253
2015年	1,518,130	8,734,155	3,005,516	13,257,801

※年齢3区分の合計が、キッズすたっとで調べた東京都の総人口と合わないのは、年齢が不明の人が足されているためです。

❷ 年齢3区分別人口の割合を求めましょう。小数第一位を四捨五入して答えます。

東京都の年齢3区分別人口の割合

年＼区分	0〜14歳	15〜64歳	65歳以上	合計
1985年	18%	73%	9%	100%
2000年	12%	72%	16%	100%
2015年	11%	66%	23%	100%

❸ 15年ごとの年齢3区分の割合を帯グラフに表しましょう。

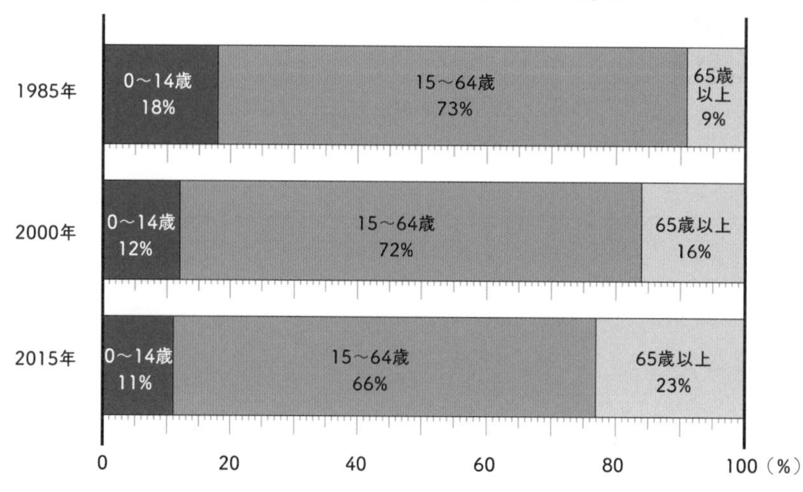

▶❶2015年の人口の合計は、1,518,130＋8,734,155＋3,005,516＝13,257,801人。
❷2015年の年齢3区分別人口の割合は、「0 ～ 14歳」1,518,130÷13,257,801×100＝11.45... なので11%、「15 ～ 64歳」8,734,155÷13,257,801×100＝65.87... なので66%、「65歳以上」3,005,516÷13,257,801×100＝22.66... なので23%。
❸帯グラフは割合を比べるのに便利なグラフです。一方、項目ごとの実際の数値は書かれない場合があり、分からないことがあります。

3区分「0 ～ 14歳」、「15 ～ 64歳」、「65歳以上」の割合は、それぞれ増えていますか？減っていますか？一方、全体の人口はどうでしょうか。今回は都道府県という大きな地域を調べましたが、もっと小さい地域どうしで比べてみても、地域ごとの特徴が見えてきます。

まめ知識

帯グラフと積み上げ棒グラフ

同じ年齢3区分別人口のデータを積み上げ棒グラフにすると、人口の実際の人数と3区分の内訳が分かるようになります。帯グラフに表すと、人口の人数の違いは見えなくなりますが、3区分の割合が分かるようになります。見たいこと、言いたいことに合わせて、グラフを選ぶことが重要です。

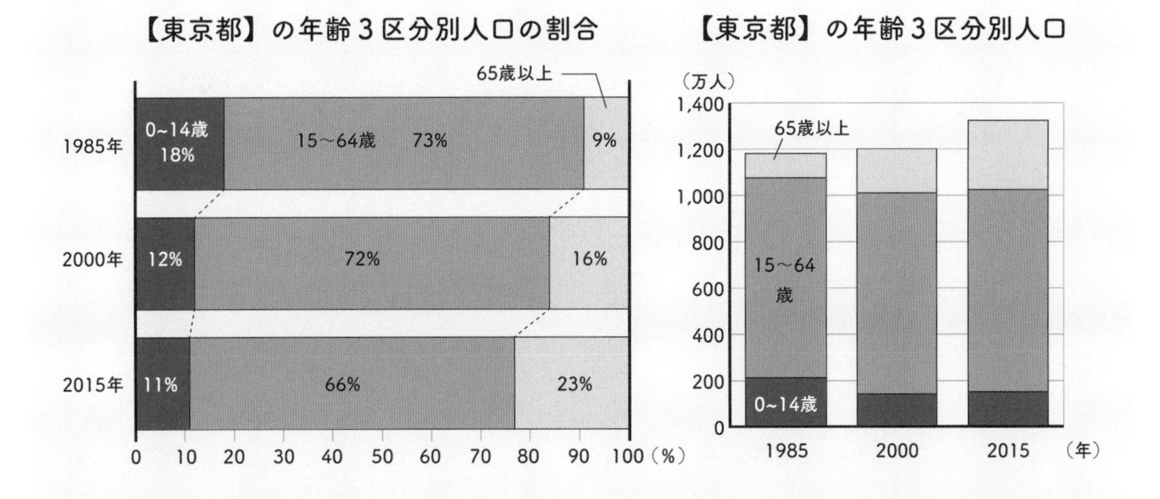

105ページ

やってみよう2 自分が住む都道府県の農業について調べよう。

❶ 表の空欄(くうらん)を埋(う)めて、表をもとに折れ線グラフを描(か)きましょう。

東京都の農家数

農家数 ＼ 年	1990年	1995年	2000年	2005年	2010年	2015年
農家数（戸）	20,679	17,367	15,460	13,700	13,099	11,222
上から2けたのがい数	20,000	17,000	15,000	14,000	13,000	11,000

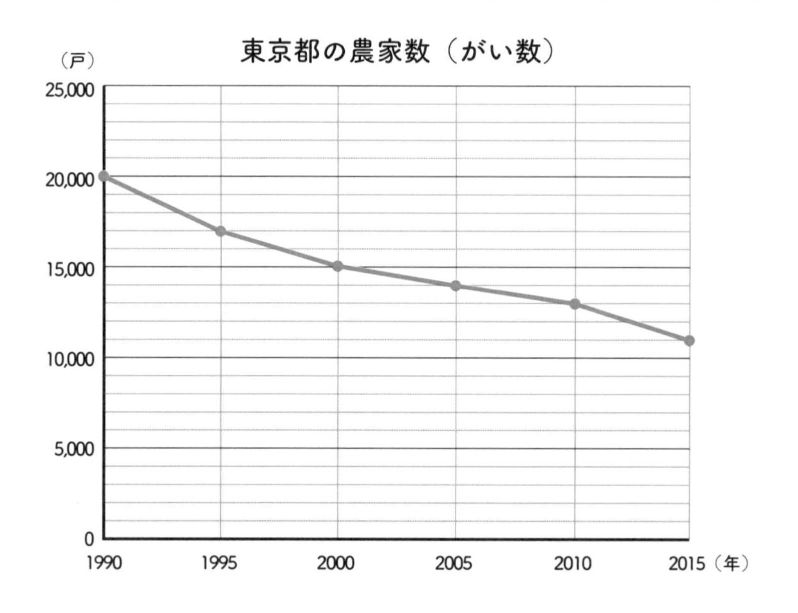

▶けたが大きい数は、がい数（おおよその数）にしてグラフを描くことがあります。興味(きょうみ)のある複数(ふくすう)の都道府県のデータを、複数の折れ線で1つのグラフに表してみると、都道府県ごとの数を比(くら)べることができます。その場合は、複数の都道府県のデータの中で最も大きい数値(すうち)に合わせて、縦軸(たてじく)の最大値(さいだいち)を決めましょう。

106ページ

やってみよう3 自分が住む都道府県の観光(かんこう)について調べよう。

1 下の表の空欄(くうらん)を埋(う)めましょう。

東京都の延(の)べ宿泊者数(しゅくはくしゃすう)（単位：人泊(にんぱく)）

区分／年	総数(そうすう)	外国人	外国人以外	上から２けたのがい数	
				外国人	外国人以外（総数－外国人）
2014年	54,258,780	13,195,260	41,063,520	13,000,000	41,000,000
2016年	57,514,950	18,059,960	39,454,990	18,000,000	39,000,000
2018年	66,109,060	23,194,530	42,914,530	23,000,000	43,000,000
2020年	37,763,210	5,003,240	32,759,970	5,000,000	33,000,000

2 表をもとに、積み上げ棒グラフを描(か)きましょう。「外国人のがい数」と、「総数(そうすう)－外国人のがい数」を使います。

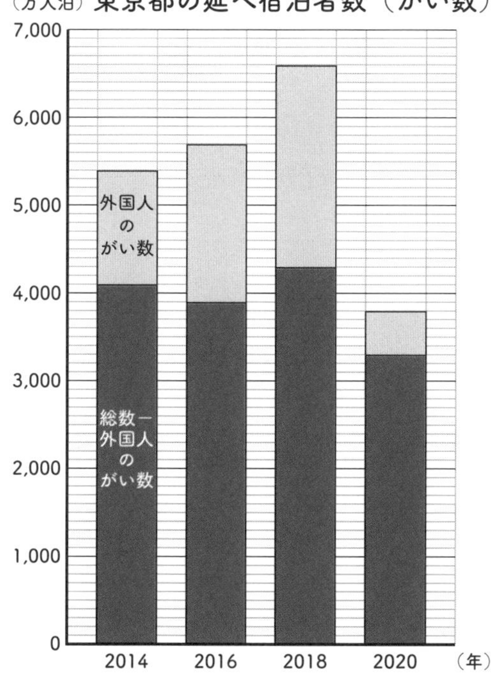

▶縦軸(たてじく)の値(あたい)が大きい場合は、今回の（万人泊(まんにんぱく)）のように元の単位を大きくすることがあります。

年々増(ふ)えていた宿泊者数が、2020年では大きく落ち込んでいます。大きく数値が変化した原因(げんいん)があるはずです。どんな原因が考えられるでしょうか。

監修・渡辺 美智子
福岡県生まれ。理学博士。慶應義塾大学大学院教授などを経て、2021年より立正大学データサイエンス学部教授。放送大学客員教授（テレビ「身近な統計」「デジタル社会のデータリテラシー」等主任講師）、日本統計学会統計教育委員会委員長、独立行政法人統計センター理事などを歴任。2012年に「第17回日本統計学会賞」、2017年に科学技術分野の文部科学大臣表彰を受賞。著書に『レッツ！データサイエンス 親子で学ぶ！統計学はじめて図鑑』（共著、日本図書センター）、『こども統計学 なぜ統計学が必要なのかがわかる本』（監修、カンゼン）など。

執筆協力・古田裕亮
静岡県出身。北里大学医療衛生学部リハビリテーション学科卒業後、病院勤務。2018年慶應義塾大学大学院にて公衆衛生学修士課程を修了。2021年より恩賜財団済生会神奈川県病院在籍。医療経営士2級。ヘルスケア領域でのビックデータ利活用、医療リアルワールドデータである病院電子カルテシステムを用いた研究に携わる。

STEAM
こどもSTEAM

5・6年生向け
統計【発展編】

発行日　2021年12月16日（初版）

監修 • 渡辺美智子
執筆協力 • 古田裕亮
編集 • 株式会社アルク　出版編集部
カバーデザイン • 二ノ宮匡（NIXinc）
本文デザイン • 二ノ宮匡（NIXinc）
イラスト • 徳永明子
DTP • 朝日メディアインターナショナル株式会社

印刷・製本 • 日経印刷株式会社

発行者 • 天野智之
発行所 • 株式会社アルク
〒102-0073 東京都千代田区九段北4-2-6　市ヶ谷ビル
Website：https://www.alc.co.jp/

落丁本、乱丁本は弊社にてお取り替えいたしております。
Webお問い合わせフォームにてご連絡ください。
https://www.alc.co.jp/inquiry/

定価はカバーに表示してあります。
製品サポート：https://www.alc.co.jp/usersupport/

PC：7021055
ISBN: 978-4-7574-3955-9